Content 目錄

書　　　　名	∣	跟我學:設計印刷 + 發行銷售自己第一本書
出　　　　版	∣	超記出版社(超媒體出版有限公司)
地　　　　址	∣	新界荃灣柴灣角街 34-36 號萬達來工業中心 21 樓 2 室
出版計劃查詢	∣	(852) 3596 4296
香港總經銷	∣	聯合新零售(香港)有限公司
圖 書 分 類	∣	電腦教學
國 際 書 號	∣	978-988-8700-76-9
定　　　　價	∣	HK$98

Printed and Published in Hong Kong

跟我學：由零開始出版個人作品

- 我想出書做作家，有甚麼平、靚、正的印刷物料可供選擇？
- 我已經用 Micrsoft Word 寫好作品，是否可以直接印刷成書？
- 公司要我製作及印製宣傳刊物，如何最快設計出有水準的作品？
- 如何確保印刷過程零差錯？印刷報價單上的術語，如何解讀？
- 本書印刷好後，如何發行至書店？
- 賣書後，作者一般可以分到多少收益？

書刊排版、設計、印刷、發行知識，必不可少！

　　無論在公司或是學校，大家都有機會出版及製作宣傳刊物；又或者大家本身擁有強烈的創作慾，喜歡小量印製自己的得意作品饋贈好友，這時，基本的出版知識必不可少。筆者擁有十多年的書刊設計、排版、印刷及發行的經驗，在本書中，會由零開始，教大家 DIY 成功出版自己的心血作品。

　　1. 排版、設計書刊：分別用 Adobe InDesign、Microsoft Word 和 Photoshop 來做示範，Step By Step 教大家書刊排版及設計的知識。如果大家對書刊有認識，又識得排版設計，以後小冊子、單張、海報、年刊、會訊、校報、紀念冊或個人作品集，你都可以自己動手，不用假手於人了，節省不少金錢。

　　2. 印刷前後注意事項：終於做好檔案可以印刷了，筆者又會提點大家各項印刷事項，讓大家可以輕易和印刷廠溝通，令你挑通眼眉唔怕被人呃，又可以避免不必要的誤會，確保印刷零差錯！

　　3. 發行及估算問題：書本印刷好後，要發行至市面，市民才可以購買得到大家的作品，很多作者想到這一步就很擔心，不斷有問題湧現：

　　「我要自己逐間書店去傾寄賣嗎？」「本書賣出後，如何分錢給我？」「書本會存放在哪裡？」「我要付倉存費嗎？」「書本可以在書店賣多少年？」筆者會一一釋除大家的疑慮，把本港的發行公司、發行模式、拆帳比例全盤話您知。

　　本書一條龍教晒你排版 x 設計 x 修圖 x 印刷 x 發行 x 結算等實用技能，做個精明的作者，以後自己出書自己話事！

Chapter 1：決定書刊的規格

在動手做一本書刊 (例如小冊子、紀念冊、校刊、公司年刊、小說、個人作品集等等)，大家必須先考慮清楚以下幾個問題：

第一步：選擇合適的書本尺寸

（1）尺寸大小
（2）用紙
（3）書本厚度

第二步：選擇文字橫排還是直排的排版方向

第三步：選用書刊的釘裝方式

（1）膠裝
（2）穿線膠裝
（3）騎馬釘
（4）精裝
（5）盒裝書
（6）硬卡書 (Board Book)
（7）膠圈書

第四步：決定使用哪種封面特效

（1）光膠
（2）啞膠
（3）激凸
（4）熨金 / 銀 / 紅
（5）UV
（6）特別花紋
（7）過水油

第五步：書刊內文包括的重要部分

（1）扉頁
（2）版權頁
（3）目錄
（4）內文
（5）內頁結構

第六步：一般書刊的封面應包括甚麼資料？

（1）封面
（2）書脊
（3）封底
（4）封面摺頁及封底摺頁
（5）封面內頁和封底內頁
（6）封面書套
（7）書腰

第1步：選擇心水的書本尺寸

(1) 尺寸大小

一般常用的書本尺寸大小有：
- A4 尺寸：210mm x 297mm 或 210mm x 285mm。
- A5 尺寸：140mm x 210mm 或 148mm x 210mm。

若自訂其他書本尺寸，即特別開度，印刷成本會較高。

A4 尺寸：210mm x 297mm

A5 尺寸：140mm x 210mm

(2) 用紙

內文：若內文黑白印刷，一般會選用白書紙，質地和家居或辦公室打印機或影印機所用的 A4 紙差不多 (見右圖)，常用的內文紙張有 80 克 (gsm)、100 克 (gsm)。
若內文彩色印刷，除可選用書紙外，

大多人喜歡選用粉紙，質地類似雜誌紙，光面滑身，128 克 (gsm) 的粉紙較常用。

封面：封面一般會用粉卡紙，常見的厚度有 210 克 (gsm)、230 克 (gsm) 和 250 克 (gsm)，克數越大，代表卡紙越厚。

(3) 書本厚度

不同厚度的內文紙會影響書本的厚度 (見右圖)。以內文 160 頁為例，假設內文用 80 克 (gsm) 書紙，書本厚度約為 8mm；若用 100 克 (gsm) 書紙，書本厚度約為 9mm。故在設計封面時，需要預留足夠書脊厚度。

第 2 步：選擇文字橫排還是直排的排版方向

內文橫排： 內文橫排的書刊是向左揭書的，字句方向由左至右（圖 1、2 以橫排為例子）。

跟我學：設計印刷＋發行銷售自己第一本書

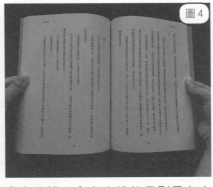

內文直排： 內文直排的書刊是向右揭書的。文字直落而排，字句方向由右至左（圖 3、4 以直排為例子）。

小提示：

　　不過，直排文字若夾雜英文字母或數字的話，英文字母或數字就會倒轉，只要利用專業排版軟體可以輕易地把它們逐一旋轉。本書在後文有詳細講解。

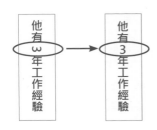

第 3 步：選擇書刊的釘裝方式

一般書籍的釘裝，分為「膠裝」、「穿線膠裝」、「騎馬釘」和「精裝」。

圖 1

「膠裝書」的封面是用厚身雙粉卡印製，故又稱為「軟皮書」。膠裝與穿線膠裝的書脊位一般都是一樣的（圖 1）。

（1）膠裝：

書本內文和封面會使用膠水黏貼，缺點是內頁較容易脫落（圖 2）。

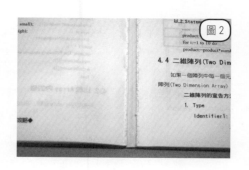

圖 2

（2）穿線膠裝：

比「膠裝書」做多一樣功夫，就是內文會用線穿釘，之後再和封面黏貼。穿線膠裝的裝釘方式較穩固（圖 3），經常翻揭也不怕內頁脫落。如果本書用了穿線膠裝，擘開內頁後會看見一個個穿線孔。

圖 3

（3）騎馬釘：

「騎馬釘」是指將整疊書紙對摺，在書紙的中間位置釘上兩口鐵釘，因此用這種方法釘裝的書本沒有書脊位（圖 4、5）。書本內文頁數不能太厚，以 A5 大小來說，內文總頁數需為 4 的倍數，例如 16、20、24、28、32、36、40 頁等。

圖 4

圖 5

（4）精裝：

「精裝書」（圖 6）的封面是用硬挺的紙板或木板製成，故又稱為「硬皮書」。相對於「膠裝書」，「精裝書」的裝釘材料較好，裝釘工藝也比較精致，更牢固耐用。當然在價錢方面，「精裝書」的成本相對也較高。

圖 6

如果大家想印刷「精裝書」，應該學懂一相關印刷術語，包括「飄口」、「篤頭布」、「穿紅繩」，「襯紙」和「書芯」等。這些工序由印刷廠代工，大家不用知道具體製作方法，只須知道名詞即可。若大家對有關名詞一無所知，在印刷廠向你報價時，你會看不懂報價單上的內容。

「精裝書」的書殼通常比「書芯」（內文部分）略大 2 至 4mm，書殼大出內文的部分稱為「飄口」（圖 7）。它可以起到保護書芯的作用，且顯得美觀大方。

圖 7

飄口

「精裝書」的製作工序較多，印刷廠首先要將內頁按次序一疊一疊用線穿妥，然後加上「篤頭布」（圖 8）。有出版社為了令精裝書更精美，會要求在內文頂端的篤頭布上黏多一條紅繩（圖 9）。

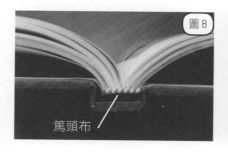

圖 8

篤頭布

圖 9

紅繩

「精裝書」分為方背精裝（圖 10）和圓背精裝（圖 11）。

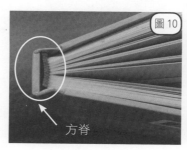

圖 10

方脊

圖 11

圓脊

本書內文最前和最後分別要加 4 頁空白頁白書紙（圖 12、13），即「襯紙」，襯紙的作用是將硬皮封面和內文連繫在一起。

圖 12

圖 13

一般印刷廠會用白書紙做襯頁，如果大家有其他要求，例如改用有顏色的粉紙等（圖 14、15），須向印刷廠事先說明清楚，以免發生誤會。

圖 14

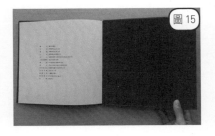
圖 15

（5）盒裝書：

為了令精裝書的外觀更莊煌華麗，有作者選擇另外做一個盒，把精裝書套起來（圖 16-17）。一些經典名著、百科全書、法律書籍等，都會採用這種做法。

圖 16

圖 17

跟我學：設計印刷＋發行銷售自己第一本書

（6）硬卡書（Board Book）：

以下是一本硬卡書（Board Book）（圖18-21），不論封面和內頁都以硬卡板製作，頁數一般不超過36頁。常用於幼童用的書籍，防止紙張讓幼童撕爛。

圖18

圖19

圖20

圖21

（7）膠圈書：

以下是一本膠圈書（圖22），「膠圈書」常見於兒童畫冊或筆記簿，方便本書翻開時書面保持平坦，不要谷起，大家在上面繪畫顏色或記事都很方便。

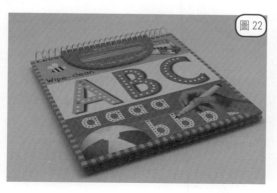
圖22

第 4 步：決定封面特效

　　一本書的封面最常見的效果，是在粉卡上過光膠或是啞膠，較為特別的會有激凸、UV、熨金等等。

圖1

（1）光膠：

　　光膠的特點是封面很「令面」，若在光線的照射下會有反光的情況（圖1）。如書本過光膠，不小心會很易刮花封面，刮痕都不會很顯眼，保存性較好。

　　以下兩種情況，選用光膠較適合：

1. 封面顏色較七彩繽紛，光膠可以令顏色更突出、亮麗；
2. 若大家想書本較耐用，可首選光膠面，因光膠面保護性較強，即使封面表面有花痕也不礙眼。

圖2

（2）啞膠：

　　啞膠與光膠相反，不會有反光的情況。如書本過了啞膠，整本書會顯得較典雅（圖2）。

　　但啞膠只適合於淺色的封面如白色、淡黃色等等，如使用深色如黑色、深藍色等，封面一旦被刮花，刮痕會相當明顯。另外白色封面過了啞膠，如書本擺放了長時間，封面很可能會變黃。

　　以下兩種情況，選用啞膠較適合：

1. 封面以白色或粉色系列為主色，配合啞膠的效果最佳；
2. 若想營造書本典雅和高貴的格調，啞膠是首選。

圖3

（3）激凸：

如果封面做了激凸效果，大家可明顯摸到該部分是「凸」了起來（圖3）。

圖4

有些書本封面做了激凸後，揭開書本後，可見封面做了激凸部分是「凹」了進去的（圖4）。

一般來說做激凸效果的書都是過啞膠的，否則視覺上的效果便不明顯。

（4）熨金／銀／紅：

如果封面有熨金／銀／紅，大家會明顯看見該部分會像閃卡一樣會有「閃光」，十分亮眼（圖5-7）。

圖5

圖6

圖7

圖8

（5）UV：

　　UV 效果（圖8）即是在啞膠封面上過一層光膠（看左圖圈中的空姐圖案位置），過 UV 的部分會有少許凸起，但不像激凸般明顯。

（6）特別花紋：

　　如前面所述，一般書刊是用粉卡再過光膠或是啞膠。有些作者希望封面更有質感，會挑選有凹凸花紋效果的特別卡紙（圖9、10）。

圖9

圖10

（7）過水油：

　　如果挑選了有凹凸花紋效果的特別卡紙，封面就無法過光膠或啞膠。如果封面沒有過膠保護，容易甩色；此時，建議封面過一層水油，水油就好像一層透明的保護膜，保護封面顏色不褪色。

第 5 步：書刊內文包括的重要部分

(1) 扉頁：

又名「書名頁」，一般印在全書的第一頁，插頁上可以放全版封面圖，或是點綴版面的小插圖（圖1）。

除了放插圖之外，亦可以做文字的簡單設計，羅列系列名、書名和作者名（圖2）。

插頁亦可以是空白頁，或者顏色頁（圖3）。

(2) 版權頁：

是每本書的出版記錄，記錄了作者和出版社的資料，通常印在扉頁後面或全書的最後一頁。版權頁通常包括以下內容（圖4）：

· 書名
· 作者、編者、譯者、改編者的名字
· 編輯的名字
· 封面設計人員的名字
· 插畫者的名字
· 出版社的名字、地址和電話等聯絡資料
· 印刷廠的名字、地址和電話等聯絡資料
· 本書的版次、「版權所有‧侵害必究」字樣
· 國際書號（ISBN）

跟我學：設計印刷＋發行銷售自己第一本書

圖4

作者	重案起底組
出版	超記出版社（超媒體出版有限公司）
地址	荃灣海盛路11號 One MidTown 2913 室
電話	(852) 3596 4296
電郵	info@easy-publish.org
網址	http://www.easy-publish.org
香港總經銷	香港聯合物流有限公司
上架建議	流行讀物
ISBN	978-988-8670-63-5
定價	HK$88

Printed and Published in Hong Kong
版權所有‧侵害必究

如發現本書有釘裝錯漏問題，請攜同書刊親臨本公司服務部更換。

(3) 目錄：

　　讀者通過目錄就可以對本書的內容梗概和篇章結構有所了解，並可以通過目錄所註明的頁碼迅速翻到所需要的部分（圖5）。

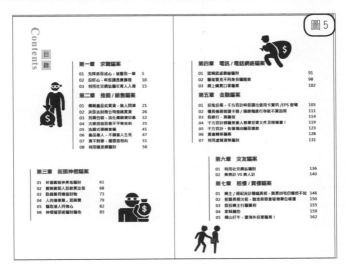

(4) 內文：

　　整本書的戲肉（圖6）

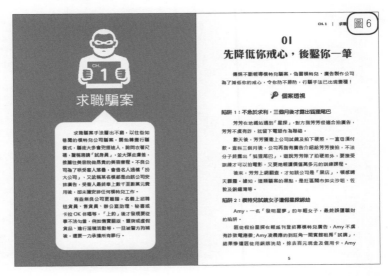

CH.1　求職

01
先降低你戒心，後鑿你一筆

傳媒不斷報導模特兒騙案，偽冒模特兒、廣告製作公司
為了減低你的戒心，令你防不勝防，行騙手法已出現變種！

個案透視

陷阱1：不急於求利，三個月後才露出狐狸尾巴

　　芳芳在地鐵站遇到「星探」，對方指芳芳很適合拍廣告，芳芳不虞有詐，就留下電話作為聯絡。

　　數天後，芳芳獲某上公司試鏡及拍下照片，一直毋須付款，並料三個月後，公司再指有廣告介紹給芳芳拍好，不法分子終露出「狐狸尾巴」，遊說芳芳除了拍硬照外，要接受訓練才可以拍電影，又要她報讀價值萬多元的訓練課程。

　　後來，芳芳上網翻查，才知該公司是「黑店」，嫌感讀天霹靂、連知，追隨騙案的黑點，是庄區開市如尖沙咀，佐敦及銅鑼灣等。

陷阱2：模特兒試鏡女子遭假星探綁劫

　　Amy，一名「發明星夢」的年輕女子，最終誤墮騙財的陷阱。

　　匪徒假扮星探在報紙刊登招募模特兒廣告，Amy不虞有詐致電應徵；Amy凌晨應約到旺角一間實館租房「試鏡」，結果慘遭匪徒使用網鏈洗劫，掠去百元現金及信用卡，Amy

5

(5) 內頁結構

有些書刊打開後會發覺排版很簡潔，上、下、左、右的邊界都是空白的，沒有花巧設計，方便讀者一邊閱讀，一邊做筆記。

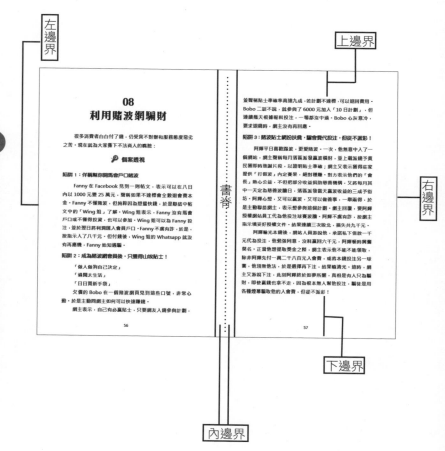

跟我學：設計印刷＋發行銷售自己第一本書

如果想令整本書刊在排版上更活潑，大家可以利用上邊界、下邊界、左邊界和右邊界做一些設計，又或者用來放書名和篇章名，方便讀者無論讀到哪一頁的內容，都清楚知道本頁的文字屬於哪一個章節的範圍。

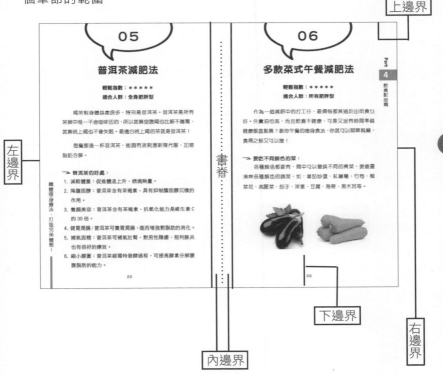

注意：

1. 除了設定上、下、外邊界外，還要設定內邊界。如果本書頁數多，內邊界要相對要闊一些，否則，右頁近左邊的文字和左頁近右邊的文字就會落入書脊深處，讀者看書時要用力揌開兩邊才看到，很不方便。

2. 頁碼一般排在下方中間或角落的位置。以橫排書為例，單頁碼位於本書的右邊，雙頁碼位於本書的左邊。一般來說，扉頁、版權頁、前言、目錄和沒有文字的插圖頁都不應標上頁碼。雖然不排頁碼，但仍計算在全書總頁數內。**關於總頁數方面，有些人誤以為 1 張紙為之 1 頁，結果把 192 版內文說成 96 頁。大家要注意：1 頁即是 1 版，勿弄錯啊！**

計算書本頁數時要注意甚麼？

大家要找印刷廠報價時，對方第一條問題就會問：你本書有幾多頁？千萬別講錯頁數，否則印刷廠就會報錯價，令你大失預算。

一個完整的封面是包括封面、封面內、封底、封底內，一般印刷廠會把封面作 4 頁計算，假設內文有 48 頁。

有些印刷廠為免造成誤會，會在報價單上頁數一欄寫明「4PP+48PP」，PP 是 Pages(頁碼) 的縮寫，前面的 4PP 是指封面 4 頁，後面的 48PP 是指內文 48 頁，那就一目了然。

給印刷廠的規格：

要求印刷廠報價時，大家必須提供準確的印刷規格，以免印刷廠因誤會而報錯價，令大家大失預算。

以《Excel 職場函數公式超活用範例辭典》為例，印刷規格如下：

書名：《Excel 職場函數公式超活用範例辭典》
書本尺寸：14cm(W) x 21cm(H)，封面封底各加 6cm 摺頁。
封面：4C+0C，4PP，230gsm 雙粉卡，過光膠面
釘裝：膠裝穿線
黑白內文：100gsm 白書紙
內文頁數：內文 144PP
印量：3000 冊

小貼士：

如果大家要印刷海報或單張，若要單面彩色，要註明 4C+0C，雙面彩色時，則註明要 4C+4C。

本社是專業的出版公司，多年出版過各種題材內容的書籍，對出版所涉及的各項程序甚為熟悉。在編輯、排版、設計和印刷亦有著豐富的經驗，質素第一，多年來屹立不倒，是出版的信心保證！詳情可到 www.easy-publish.org 查閱出書詳情；如果大家對書刊製作及印刷報價有任何疑問，歡迎電郵查詢：info@easy-publish.org；或致電 3596- 4296，本社有專員為您解答。

跟我學：設計印刷＋發行銷售自己第一本書

第 6 步：一般書刊的封面要包括的資料

▲封面有齊書名和作者名

（1）封面：

　　封面上一般會有書名、作者 / 譯者的名稱和出版社的名稱（圖 1）。封面應根據書本的內容，以插圖、字體變化和色彩來反映書的主題，讓讀者大概了解全書的主要內容。故此，封面的設計非常重要，一個吸引的封面有助書本脫穎而出，讓讀者在書群中留意得到它，購買的成數亦相對提高。

（2）書脊：

　　書脊是本書的背脊部分（圖 2），連接書的封面和封底。一般書脊厚度達到 7 至 8mm，而書脊上會印有書名、作者及出版社的名稱等。即使許多書本插在書架上，大家都可以憑書脊查找到想要看的書籍。

▲書脊有書名及作者名稱等資料

▲封底大多有書本內容介紹、價錢、ISBN 書號和出版社標誌。

（3）封底：

　　封底即是書本的底面（圖 3），封底一般印有書本的內容簡介、價錢、國際書號和條碼等。

（4）封面摺頁和封底摺頁：

　　如果不想花費做精裝，膠裝或穿線膠裝的書刊都一樣可以製作得很精美、高雅，只要在封面和封底加摺頁即可！摺頁又稱拉頁，是指摺入到封面和封底內側的部分。

　　摺頁的闊度沒有限定，一般為 6cm 至 10cm。摺頁除了有美化書本的作用外，還可以把作者 / 譯者的個人介紹、聯絡資料、本書賣點放在摺頁，讓讀者一揭開就可以看到（圖 4-7）。

▲封面

▲封面摺頁

▲封底

▲封底摺頁

摺頁能美化書刊之餘，亦可以把作者的個人介紹、本書的內容賣點放在裡面。

（5）封面內頁和封底內頁：

一本書的封面封底絕大部分都是彩色的，我們稱為「4C」；

翻開封面內頁或封底內頁，很多時都是白色面，沒有印上任何東西，我們稱為「0C」。封面為「4C+0C」，意思就是封面、封底彩色印刷，封面內頁、封底內頁留白（圖8、9）。

4C+0C 的效果

▲封面彩色，封面內留白

▲封底彩色，封底內留白

4C+1C 和 4C+4C 的效果

如果封面內頁和封底內頁只印上黑白內容，就叫「4C+1C」。

但如果想用盡所有版面，連封面內頁和封底內頁都要印上彩色內容，就叫「4C+4C」（圖10、11）。

▲封面彩色，封面內彩色

（6）封面書套：

　　不少出版社喜歡為書本外面包多一層封面書套，當書本曝光一段日子後，再換上另一款設計的書套，為讀者帶來新鮮感（圖12-14）。

（7）書腰：

　　為了讀者馬上得知書本的賣點，出版社會在封面包一層書腰，把本書賣點，或者本書的推介專家羅列在書腰上（圖15-18）。

小貼士：如何製作 ISBN 條碼？

圖 19

ISBN：就是一本書的「國際書號」（圖 19），這等於本書的國際身分證號碼，有了 ISBN 你在世界各地採購這本書，都不用怕因書名相同、相似而買錯。如果書刊不需要發行，便不用 ISBN。

要取得書本的 ISBN，須向康樂及文化事務署香港公共圖書館書刊註冊組提交申請。取得 ISBN 書號後，如何將它製作 Barcode 條碼呢？那就要找軟體幫手了！大家可以到 http://www.softages.com/barcode.exe（圖 20）執行條碼製作系統，看到以下的視窗後，先在右方點選條碼的類型（14-EAN13 ISBN13）。接著輸入條碼值，在「條碼圖像預覽區」可以即時檢視條碼的圖案，調校條碼高度、闊度後可按「儲存條碼」按鈕儲存起來 (BITMAP 格式)。設計封面時，把此條碼圖像置入即可。

圖 20

書刊排版流程概覽

以下本書會使用專業級的 Adobe InDesign CC 來教大家輕鬆製作出一般的書刊，例如校刊、小說及個人作品等。

第 1 步：馬上了解軟體介面及基本功能

筆者在 Chapter 2 會先重點簡介 Adobe InDesign CC 有關設計、排版的功能，建議大家先看看，之後操作時會令你更易上手。

第 2 步：速學排版無難度

筆者會用最簡潔的方法教大家書刊排版、設計、內文插圖及轉換印刷檔案的步驟。一本書刊的排版製作流程，可分以下幾部分。大家只要跟著做，不出一日就可以完成自己的大作。

1. 設定書刊尺寸及內文排版方向

本書使用 A5 尺寸 (闊 14cm 高 21cm) 來作為示範，因此要先設定書刊的正確尺寸。同時也需要決定內文是橫排或是直排。

2. 設置內文的邊界位

內文的上下內外邊界會影響讀者對內文的觀感，可預多一點空間。內邊界調闊一點，以免文字太接近書脊。

3. 增加／刪除書刊頁數

可以按照實際需要調整頁數，如果內文有 160 頁，就需要增加 160 頁；如有多餘頁數，可以直接刪除。

4. 貼上文字內容

書刊中最重要是文字。將文字稿貼入 Adobe InDesign CC 內進行排除設計，有 2 個簡易方法：

1. 直按複製及貼到 Adobe InDesign 的內文頁裡。

2. 把已包含文字內容的檔案，例如 Word、Text 等格式，直接置入 Adobe InDesign CC 的內文頁裡。

5. 設定內文段落格式

大標題、小標題和內文的字款、字級、顏色等都未必一樣，只要預定了各種段落格式，之後便可隨時套用，夠晒方便！更可把文字變肥變瘦、變長變短、變色、拉鬆拉近字距等，甚至做雜誌效果都得，一按玩盡不同文字特效。

6. 製作直排書刊

一般小說、散文集都是直排書，如大家的書刊有需要直排，可參考這部分的技巧。

7. 插入圖片

只有文字沒有圖片書刊未免太於單調，本部分會教大家在內文插入不同的圖片，令內容排版方生色不少。

第 3 步：為書刊版面扮靚靚

版頭設計會令書刊生色不少，只要幾個簡單步驟，全書就有齊版頭、頁碼。

第 4 步：為書刊製作封面

Adobe InDesign CC 除可用來做內文排版，也是設計封面的好幫手！這裡教大家快速製作封面的技巧。

第 5 步：埋門一腳，臨印刷前作最後校對修改

辛辛苦苦排好一本書後，可使用 Adobe InDesign CC 將書刊打印出來校對。如果沒有問題，便可以將封面及內文檔案轉成 PDF 格式，再將檔案交給印刷廠印刷了！

大家只要跟足以上步驟來操作，一本接近專業級的書刊就設計及排好及準備印刷，基本上一個工作天就可完成！

Chapter 2：專業排版速成班

第1步：馬上了解軟體介面及基本功能

啟動 Adobe InDesign CC，筆者先講解一下主介面。主介面由 3 個部分組成，分別是「應用工具列」、「工具面板」和「浮動視窗」。

【應用工具列】

在「應用工具列」裡，大家可以設定文字字款、字級、文字顏色、上標或下標和字元格式等。

跟我學：設計印刷＋發行銷售自己第一本書

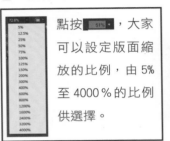

點按 ，大家可以設定版面縮放的比例，由 5% 至 4000 % 的比例供選擇。

當大家完成所有排版工作後，點擊 ，這裡有多種預覽模式，包括「正常模式」、「預視模式」、「出血模式」、「印刷邊界模式」和「簡報模式」。

工具面板

浮動視窗

應用工具列

▲圖1：點擊 Adobe InDesign CC 圖示執行程式，上圖是程式的主介面。

字

段

【工具面板】

　　排版時，大家會經常用到「工具面板」(圖 2) 裡的工具，最常用到的功能包括：

- :點擊「選取工具」按鈕後，可以用滑鼠移動整個文字框和圖片位置。

- :點擊「直接選取工具」按鈕後，可以設定圖片的顯示範圍。

- :點擊「文字工具」按鈕後，才可以輸入文字。

- :點擊「直線工具」按鈕後，可以用滑鼠畫線。

- :點擊「橢圓工具」按鈕後，可以用滑鼠畫出橢圓形、正方形、多邊形等。

- :點擊「漸變色票工具」按鈕後，可以設定顏色的漸變效果。

- :點擊「手形工具」按鈕後，可以用滑鼠拖曳版面。

- :點擊「縮放顯示工具」按鈕後，可以局部放大版面某個位置。

圖 2

【浮動視窗】

「浮動視窗」(圖3)是排版的好幫手!第一次啟動Adobe InDesign CC時,浮動視窗預設有頁面、圖層、連結、線條、顏色、色票6個選項,點選工具列的「視窗」,大家可按需要自由選取會用到的工具,拖曳到預設的「浮動視窗」裡,三兩下功夫很快就可以製成一個切合自己工作需要的「浮動視窗」組合。筆者認為組成部分應包括頁面、段落樣式、字元樣式、色票、線條、變形、連結和繞圖排文。

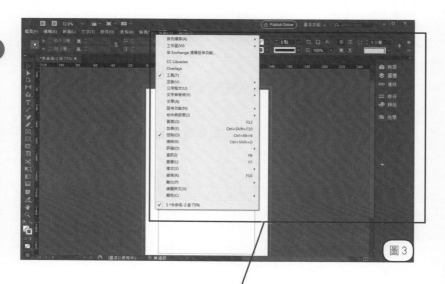

圖3

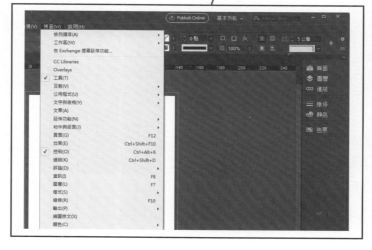

第 2 步：速學排版無難度

1. 設定書刊尺寸及內文排版方向

筆者在本章會以一本闊 14cm 高 21cm 的書籍做例子，示範橫排的完整過程。

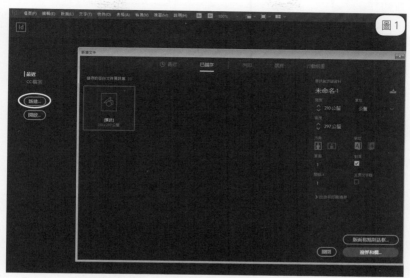

▲ Step 1：要開啟新文件，點選工具列「新建」，在「新增文件」的視窗裡設定文件的大小 (圖 1)。

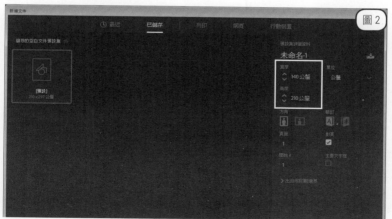

▲ Step 2：筆者在本章會示範做一本闊 140mm 高 210mm 的書籍，於是直接在「寬度」人手輸入 140 公釐 (mm)，在「高度」人手輸入 210 公釐 (mm)(圖 2)。

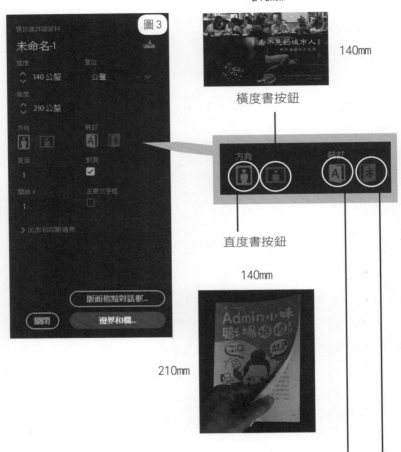

210mm

140mm

橫度書按鈕

直度書按鈕

140mm

210mm

此按鈕表示內文橫排，書本向左揭的。

此按鈕表示內文直排，書本向右揭的。

跟我學：設計印刷＋發行銷售自己第一本書

▲ Step 3：筆者以一本內文橫排的直度書刊做示範，「方向」要選「直度書」的按鈕。如果本書內文橫排，封面是向左揭的，因此，「裝釘」要選向左揭的按鈕。若大家想知道內文直排的做法，可參考本書後文。

2. 設置內文的邊界位

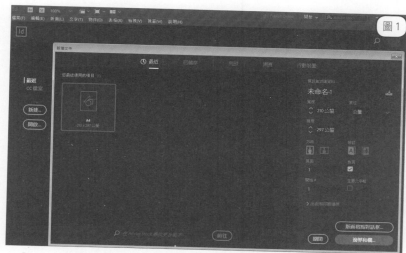

圖 1

▲ Step 1：設定完書本尺寸大小後，下一步要設定版面上邊界、下邊界、外邊界和內邊界的距離，點擊圖 1 的「邊界和欄」，進入「新增邊界和欄」裡面進行設定。

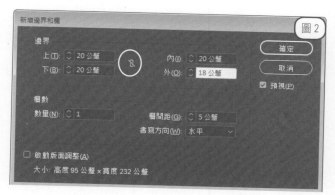

圖 2

▲ Step 2：進入「新增邊界和欄」(圖 2) 後，大家可以設定版面的上邊界、下邊界、內邊界和外邊界的距離。圈中的 🔒 表示 4 個數值均一樣，但如果大家想在上邊界做一些設計，上邊界的距離要特別多，按一下 🔒 ，切換成 🔓 ，即可個別設定上邊界的數值。內邊界的距離需視乎書本厚度而設定，如書本頁數較多，建議內邊界的距離要較闊。

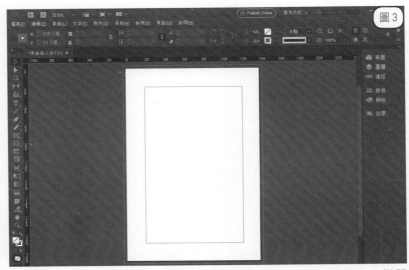

▲ Step 3：設定完上邊界、下邊界、內邊界和外邊界的距離，一個闊 14cm 高 21cm 的單頁空白頁已做好了 (圖 3)！

上邊界

內邊界

橫排書的第一頁
在右頁

外邊界

下邊界

這 4 條邊就是參考線，參考線框著的部分就是內文範圍。

註：如果本書頁數較多，建議內邊界要再闊些。否則，左頁較右方的文字和右頁較左方的文字會落入書脊位置，讀者閱讀時要掰開書本兩邊，非常麻煩！

跟我學：設計印刷＋發行銷售自己第一本書

3. 增加／刪除書刊頁數

現在，Adobe InDesign CC 版面只有 1 頁，大家須按需要自行新增頁面。

▲ Step 1：點選工具列「版面」→「頁面」→「插入頁面」(圖 1)，進入「插入頁面」的視窗。預設在「插入」選單中選「頁面之後」和「1」；「頁面」則輸入「10」，這就表示在 P.1 後加 10 頁 (圖 2)。

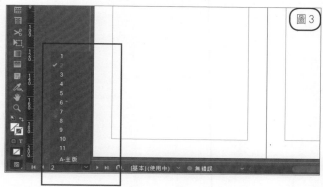

▲ Step 2：進入左下方的頁碼選單，顯示已新增了 10 頁。排版時，透過這個選單，大家可隨時切換至不同頁 (圖 3)。

如果有多餘頁面，要刪除頁數，做法也相當簡單！

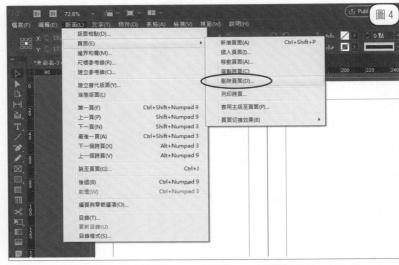

▲ Step 1：點選工具列「版面」→「頁面」→「刪除頁面」(圖 4)。

▲ Step 2：在「刪除頁面」的視窗裡輸入要刪除的頁碼 (圖 5)，接著按「確定」。大家可刪除單一頁，或批量刪除亦可。例如輸入「1」，即表示刪除 P.1；如果輸入「2-3」，即表示要刪除 P.2-3。

4. 貼上文字內容

以下筆者會示範如何置入內文，方法有兩種：

方法 1：先複製後貼上內文

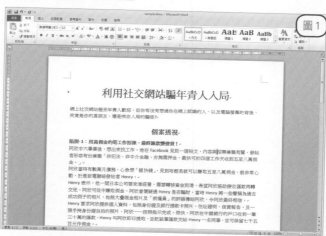

▲ Step 1：開啟 Word 原稿檔案，按「Ctrl+A」選取全文，再按「Ctrl+C」，把文字全部複製 (圖 1)。

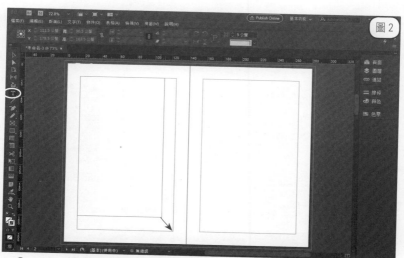

▲ Step 2：返回 Adobe InDesign CC，點擊圈中的「T」按鈕，用滑鼠在版面框出內文範圍，留意內文範圍就是參考線框著的部分。再按「Ctrl+V」貼上內容 (圖 2)。

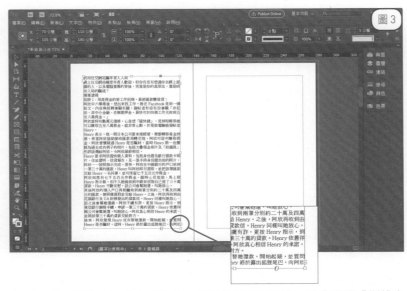

▲ Step 3：若貼上的內文未能在一版裡全部顯示出來，就會出現「溢排文字」符號。用滑鼠游標點擊一下「溢排文字」符號 (圖 3)。

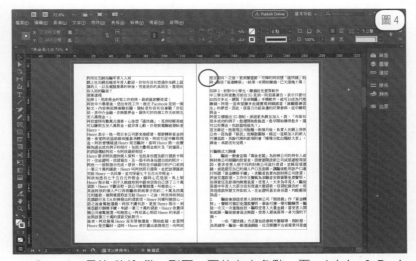

▲ Step 4：長按 Shift 鍵，到下一頁的左上角點一下，Adobe InDesign CC 就會自動排文，按順序放入餘下文字，直到放完為止 (圖 4)。

跟我學：設計印刷＋發行銷售自己第一本書

方法 2：置入 Word 檔內文

▲ Step 1：點擊圈中的「T」按鈕，用滑鼠在版面框出內文範圍 (圖 5)。

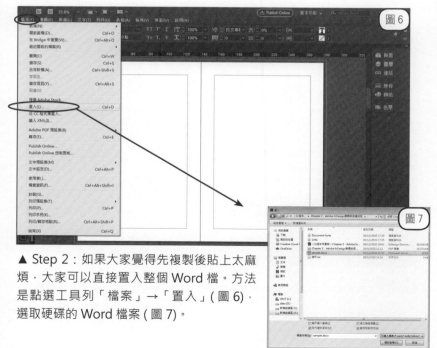

▲ Step 2：如果大家覺得先複製後貼上太麻煩，大家可以直接置入整個 Word 檔。方法是點選工具列「檔案」→「置入」(圖 6)，選取硬碟的 Word 檔案 (圖 7)。

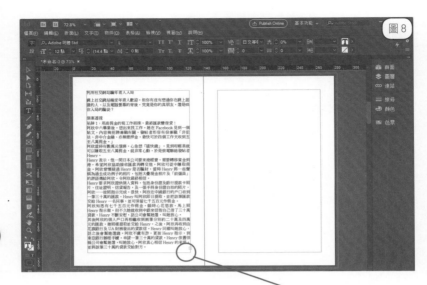

▲ Step 3：話咁快！整個 Word 檔的內文已全部置入 Adobe InDesign CC 了。同樣，若置入的內文未能在一版裡全部顯示出來，就會出現「溢排文字」符號 (圖 8)。

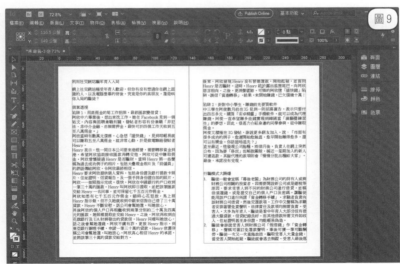

▲ Step 4：用滑鼠游標點擊一下「溢排文字」符號，長按 Shift 鍵，到下一頁的左上角點一下，Adobe InDesign CC 就會自動排文，按順序置入餘下文字，直到全部已置入完畢為止 (圖 9)。

5. 設定內文段落格式

　　以下兩張圖分別是美化前 (圖 1) 和美化後 (圖 2) 效果，一篇文章會有標題、小標題和內文，不同的部分選用不同的字款和字級，內容更顯得層次分明。筆者以下會教大家建立段落樣式，包括設定大標題、小標題、內文等的字級大小、顏色和段落行距。

圖 1（美化前）

利用社交網站騙年青人入局
網上社交網站極受年青人歡迎，但你有沒有想過你在網上認識的人、以及電腦螢幕的背後，究竟是你的真朋友，還是哄你入局的騙徒？
個案透視
陷阱1：用高佣金的筍工作招徠，最終匯款變借貸！
阿欣中六畢業後，想出來找工作。她在 Facebook 見到一個帖文，內容與招聘兼職有關，發帖者形容有份兼職「非犯法、非中介金融、亦無需押金，最快可於四個工作天收到五至八萬佣金。」
阿欣當時有數萬元價碼，心急想「搵快錢」，見到咁輕易就可以賺取五至八萬佣金，就非常心動，於是致電聯絡發帖者 Henry。
Henry 表示，他一間日本公司要來港經營，需要轉移資金到港，希望阿欣協助接收匯款再轉交他，阿欣可從中賺取佣金。阿欣曾懷疑過 Henry 是否騙財，當時 Henry 將一些聲稱為過去成功例子的相片，包括大疊現金相片及「前僱員」的評語傳給阿欣，令阿欣最終相信。
Henry 要求阿欣提供個人資料，包括身份證及銀行提款卡照片、住址證明、信貸報告、及一張手持身份證自拍的照片，阿欣一一按照指示完成。很快，阿欣在中國銀行的戶口收到一筆三十萬的匯款，Henry 叫阿欣即日提取，並把該筆匯款交給 Henry 一名同事，並可保留七千五百元作佣金。
阿欣知悉有七千五百元作佣金，頓時心花怒放，馬上照 Henry 指示做，但不久她就收到中銀來信指自己借了三十萬貸款，Henry 不斷安慰，話公司會幫她還。所以她放心。
其後阿欣的個人戶口再相繼收到兩筆分別約二十萬及四萬元的匯款，她照樣提取並交給 Henry。之後，阿欣再收到由花旗銀行及 UA 財務發出的貸款信，Henry 同樣叫她放心，話之後會幫她還錢。阿欣不虞有詐，更按 Henry 指示，到東亞銀行辦理手續，申請一筆三十萬的貸款。Henry 依舊俾稱公司會幫她還，叫她放心，阿欣真心相信 Henry 的承諾，並把該筆三十萬的貸款交給對方。
後來，阿欣發現 Henry 沒有替她還款，開始起疑，並質問 Henry 是否騙財。這時，Henry 終於露出狐狸尾巴，向阿欣惡言相向，之後，更消聲匿跡。可憐的阿欣墮「搵快錢」所陷，誤信「資產轉移」，結果，未開始賺錢，已欠債幾十萬！
陷阱2：針對中小學生，賺錢的先要買軟件
中三學生阿俊數月前在 IG 見到一則招募廣告，表示只要付出四百多元，購買「安卓精靈」手機軟件，就可以成為代理賺錢。阿俊一直希望賺多些錢實現到韓國當「演藝圈練習生」的夢想，因此，很落力介紹身邊的同學參與，從中賺取佣金。
阿俊又積極在 IG 發站，游說更多網友加入，說：「市面有很多成功的例子，愈遲開始愈蝕底，愈早開始賺得愈多，還可以有獎金，你話遲咗抵先？」
直至最近，他發現公司呃錢，兩個月後，負責人在網上突然公布，因為要「移民」而解散團隊，稱近一星期加入的新人可獲退款，其餘代理的款項則會「慢慢分批出糧給大家」。結果，承諾變作兒現。

行騙模式大揭秘
1. 騙徒一般會宣稱「幕後老闆」為財務公司的持有人或與財務公司相關的投資者，因需要開設戶口或是避稅等原因，要求受害人到不同的財務公司進行借貸，並稱毋須還錢、或是提交合乎的個人戶口及密碼，讓騙徒能用該戶口進行所謂「資金轉移」手續，求職者為免向該財務公司借貸，然後交還款項，工作中又聲稱為求職者安排簽署金資費明，法律責任及款項均無關負責。受害人，大多是年青人，騙徒是會中年青人大部分沒有借過大額貸款，信貸紀錄良好，而其他借款所需文件如收入、住址證明甚至身份證，均能輕易偽造。
2. 騙徒會游說受害人到財務公司「假借錢」作「資金轉移」，聲稱可簽訂免還款聲明，事後可獲一筆可觀服務。騙徒一次又一次重施故技，騙取受害人大量金錢；當受害人開始醒覺，騙徒就會逃之無蹤，受害人最後落得一身欠債的下場。
3. 一些「搵快錢」方式還包括參與外圍賭博、假結婚、洗黑錢等。騙徒一般透過網絡、社交媒體平台或報章列登虛

16

圖 2（美化後）

利用社交網站騙年青人入局

網上社交網站極受年青人歡迎，但你有沒有想過你在網上認識的人、以及電腦螢幕的背後，究竟是你的真朋友，還是哄你入局的騙徒？

個案透視

陷阱 1：用高佣金的筍工作招徠，最終匯款變借貸！

阿欣中六畢業後，想出來找工作。她在 Facebook 見到一個帖文，內容與招聘兼職有關，發帖者形容有份兼職「非犯法、非中介金融、亦無需押金，最快可於四個工作天收到五至八萬佣金。」

阿欣當時有數萬元價碼，心急想「搵快錢」，見到咁輕易就可以賺取五至八萬佣金，就非常心動，於是致電聯絡發帖者 Henry。

Henry 表示，他一間日本公司要來港經營，需要轉移資金到港，希望阿欣協助接收匯款再轉交他，阿欣可從中賺取佣金。阿欣曾懷疑過 Henry 是否騙財，當時 Henry 將一些聲稱為過去成功例子的相片，包括大疊現金相片及「前僱員」的評語傳給阿欣，令阿欣最終相信。

Henry 要求阿欣提供個人資料，包括身份證及銀行提款卡照片、住址證明、信貸報告、及一張手持身份證自拍的照片，阿欣一一按照指示完成。很快，阿欣在中國銀行的戶口收到一筆三十萬的匯款，Henry 叫阿欣即日提取，並把該匯款交給 Henry 一名同事，並可保留七千五百元作佣金。

阿欣知悉有七千五百元作佣金，頓時心花怒放，馬上照 Henry 指示做，但不久她就收到中銀來信指自己借了三十萬貸款，Henry 不斷安慰，話公司會幫她還。所以她放心。

其後阿欣的個人戶口再相繼收到兩筆分別約二十萬及四萬元的匯款，她照樣提取並交給 Henry。之後，阿欣再收到由花旗銀行及 UA 財務發出的貸款信，Henry 同樣叫她放心，話之後會幫她還錢。阿欣不虞有詐，更按 Henry 指示，到東亞銀行辦理手續，申請一筆三十萬的貸款。Henry 依舊俾稱公司會幫她還，叫她放心，阿欣真心相信 Henry 的承諾，並把該筆三十萬的貸款交給對方。

後來，阿欣發現 Henry 沒有替她還款，開始起疑，並質問 Henry 是否騙財。這時，Henry 終於露出狐狸尾巴，向阿欣惡言相向，之後，更消聲匿跡。可憐的阿欣墮「搵快錢」陷阱，誤信「資產轉移」，結果，未開始賺錢，已欠債幾十萬！

陷阱 2：針對中小學生，賺錢的先要買軟件

中三學生阿俊數月前在 IG 見到一則招募廣告，表示只要付出四百多元，購買「安卓精靈」手機軟件，就可以成為代理賺錢。阿俊一直希望賺多些錢實現到韓國當「演藝圈練習生」的夢想，因此，很落力介紹身邊的同學參與，從中賺取佣金。

阿俊又積極在 IG 發站，游說更多網友加入，說：「市面有很多成功的例子，愈遲開始愈蝕底，愈早開始賺得愈多，還可以有獎金，你話遲咗抵先？」

17

建立段落格式是一項很重要的工作，原因很簡單，以小標題為例，若在排版中途想更換小標題的顏色，只要在段落樣式改一次即可全文套用，如果事前沒有設定段落樣式，就要把全個文檔的小標題全部搜尋出來再逐個切換，豈不是很痛苦？

　　現在筆者首先示範建立大標題的段落樣式。

◎大標題

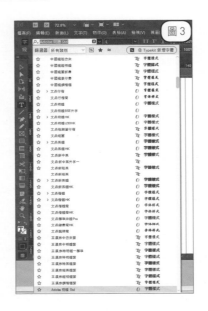

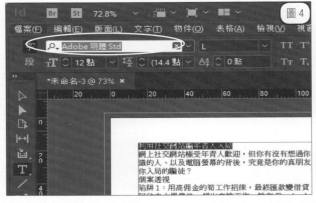

▲ Step 1：首先選取大標題部分，先試試不同的字款和字級效果，找出自己的心水設定 (圖 3、4)。

跟我學：設計印刷＋發行銷售自己第一本書

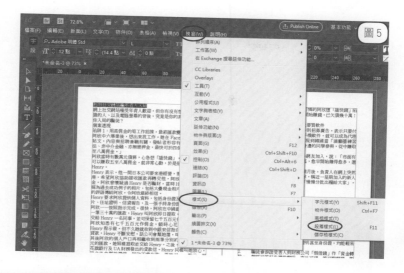

▲ Step 2：點選應用工具列「視窗」，在選單中選「樣式」（圖 5）→「段落樣式」。接著，畫面會彈出「段落樣式」這個小視窗（圖 6），把它拖曳至右面的「浮動視窗」（圖 7）。

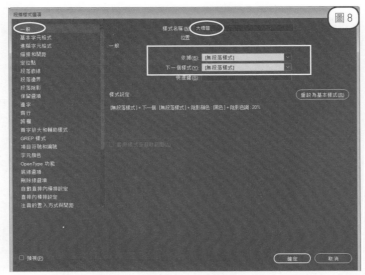

▲ Step 3：點擊浮動視窗「段落樣式」，進入「段落樣式選項」的視窗，在「一般」中輸入樣式名稱 (圖8)，例如「大標題」。注意：「依據」和「下一個樣式」必須要選「無段落樣式」，否則日後排版時，樣式會變得混亂。

▲ Step 4：進入「基本字元格式」頁面 (圖9)，設定大標題的字體。設定好大標題的字體後，接著設定字級大小。

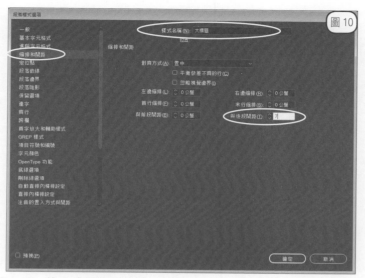

▲ Step 5：進入「縮排和間距」頁面，可以設定大標題的對齊方式，選擇包括「靠左」、「置中」、「靠右」、「靠左齊行」、「置中齊行」、「靠右齊行」等 (圖 10)。一般來說，大標題會置中齊行，於是筆者在選單中選了「置中齊行」。如果想拉遠大標題和正文之間的距離，可以在「與後段間距」中設定，筆者在「與後段間距」設定「5 公釐」。

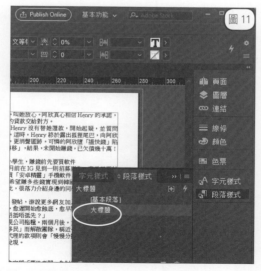

▲ Step 6：完成 Step 6 後按「確定」，大家會看到「段落樣式」的選單中多了「大標題」的樣式了 (圖 11)。

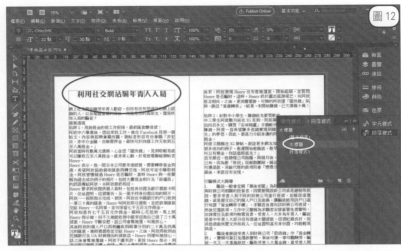

▲ Step 7：選取內文中屬於大標題的範圍，再點擊浮動視窗的「段落樣式」→「大標題」即可套用 (圖 12)。若日後想更改大標題的字款、字級或顏色等，直接進入「段落樣式」→「大標題」中更改，一 Take 過更改全文的大標題格式。

◎小標題

接下來，筆者示範新增小標題的段落樣式。

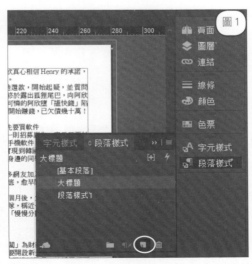

▲ Step 1：在浮動視窗中選「段落樣式」，再按圖 1 圈中的按鈕，新增新的段落樣式。新增完成後，會出現「段落樣式 1」這個選項，雙擊這個選項進入下一步。

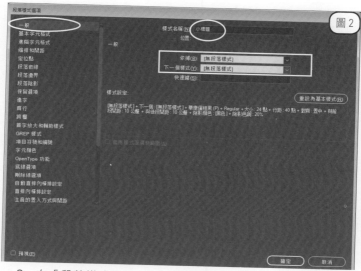

▲ Step 2：在「段落樣式選項」的視窗裡選擇「一般」頁面，輸入樣式名稱，這次筆者輸入「小標題」(圖2)，接著可為小標題進行設定。注意：「依據」和「下一個樣式」必須要選「無段落樣式」。

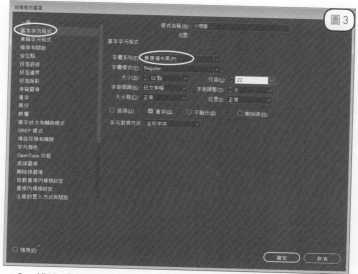

▲ Step 3：進入「基本字元格式」頁面，設定小標題的字體。設定好小標題的字體後，接著設定字級大小 (圖3)。

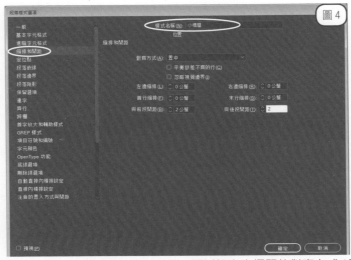

▲ Step 4：進入「縮排和間距」頁面，可以設定小標題的對齊方式 (圖4)，選擇包括「靠左」、「置中」、「靠右」、「靠左齊行」、「置中齊行」、「靠右齊行」等。小標題一般置中齊行或靠左，筆者選了「置中齊行」作示範。另外，如果想拉遠小標題和正文之間的距離，可在「與前段間距」及「與後段間距」中設定，筆者在「與前段間距」設定了「5公釐」及在「與後段間距」設定「3公釐」。

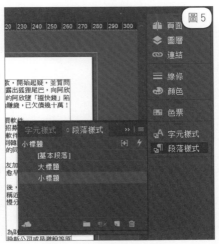

▲ Step 5：完成了 Step 4 後按「確定」，大家會看到段落樣式的選單中多了「小標題」的樣式了 (圖5)。

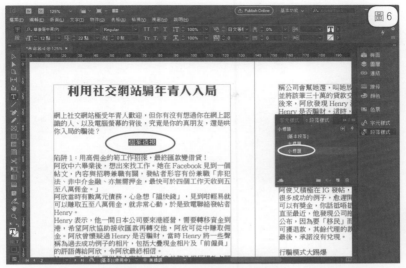

▲ Step 6：把滑鼠游標放在屬於小標題的文字側邊，點擊浮動視窗的「段落樣式」→「小標題」(圖6)，那段文字馬上切換成小標題樣式了。如果日後要改變小標題的字款、字級或字體顏色等等，進入「段落樣式」→「小標題」裡更改，整個 Adobe InDesign CC 文檔的所有小標題會自動套用新設定，方便快捷！

◎內文

設定大、小標題的段落樣式後，下一步當然到內文了。

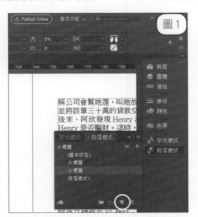

▲ Step 1：在浮動視窗點選「段落樣式」，再按圖 1 圈中的按鈕，新增新的段落樣式。新增完成後，會出現「段落樣式 1」這個選項，雙擊這個選項進入下一步。

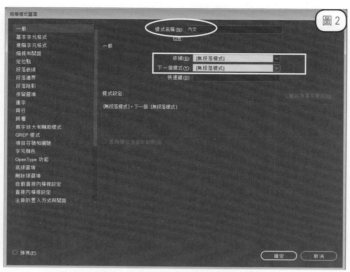

▲ Step 2：在「段落樣式選項」的視窗裡，選擇「一般」頁面，輸入樣式名稱，這次以「內文」作示範 (圖 2)，接著可為內文進行設定。注意：「依據」和「下一個樣式」必須要選「無段落樣式」。

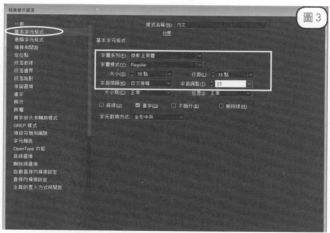

▲ Step 3：進入「基本字元格式」頁面，設定內文的字體 (圖 3)。設定好內文的字體後，接著設定字級大小。一般書刊的內文字級是 10 或 10.5，這個字級是人眼觀看時，感覺最舒適的字體大小。「字距」方面，由 -100 到 +200，負數越大，代表字距越小，字與字之間越迫；正數越大，代表字距越大，字與字之間越寬鬆。

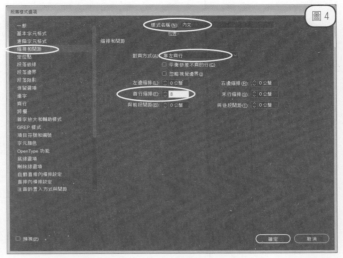

▲ Step 4：進入「縮排和間距」頁面，可設定內文的對齊方式，選擇包括「靠左」、「置中」、「靠右」、「靠左齊行」、「置中齊行」、「靠右齊行」等。一般來說，內文是「靠左齊行」，若沒設定齊行，每段文字的尾部分便不會對齊，看起來會很不整齊。 另外，由於每段首行都應輸入兩個字位，在「首行縮排」的選項中設定「7 公釐」即可。若想段與段之間距離多一點，可在「與後段間距」中做設定，例如筆者希望內文行距不會太密，便在「與後段間距」中設定「2 公釐」(圖 4)。

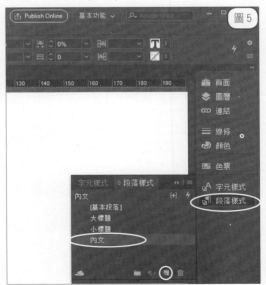

▲ Step 5：完成了 Step 4 後按「確定」，大家會看到段落樣式的選單中多了「內文」的樣式了 (圖 5)。

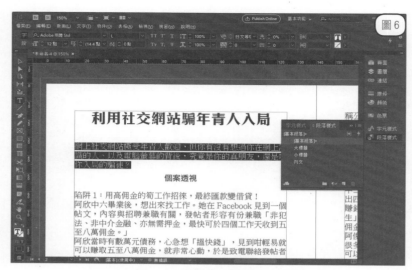

▲ Step 6：選取內文的部分 (圖 6)

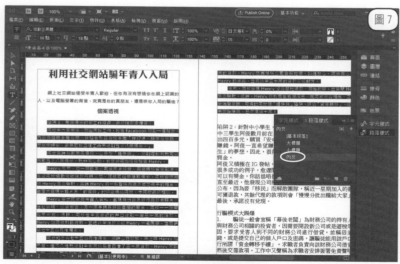

▲ Step 7：點擊浮動視窗的「段落樣式」→「內文」(圖 7)

跟我學：：設計印刷＋發行銷售自己第一本書

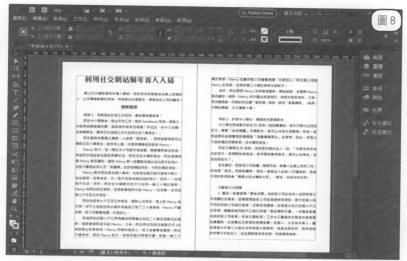

▲ Step 8：轉眼間內文已切換成大家剛剛設定好的字級、段落行距和對齊方式了 (圖 8)。如果日後要改變內文的字款、字級或字體顏色等等，進入「段落樣式」→「內文」裡更改，整個 Adobe InDesign CC 文檔的所有小標題會自動套用新設定，方便快捷！

◎列點

大家看看下圖的部分，每個列點的第二行文字與第一行都並不對齊，以內文樣式來排列點，一出一入的效果不美觀。大家看看以下的比較，先看看圖 1，列點內容整體向左排齊，列點編號變得不明顯，效果不美觀；又看看圖 2，列點編號和列點內容各自排齊，左右分明，效果最佳，怎樣才做到這個效果呢？

圖 1

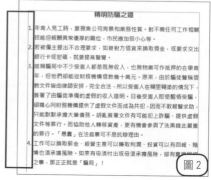

圖 2

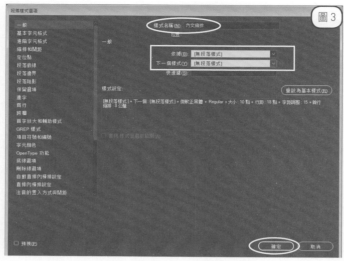

▲ Step 1：先新增一個段落樣式，改名為「內文縮排」後，再選擇「無段落樣式」，暫不用仔細設定，先按「確定」(圖 3)。

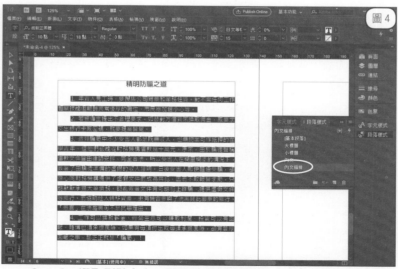

▲ Step 2：選取列點內容，再雙擊「內文縮排」的段落樣式 (圖 4)。

跟我學：設計印刷＋發行銷售自己第一本書

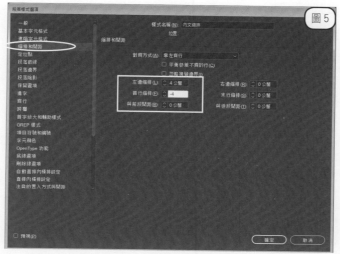

▲ Step 3：再次進入「內文縮排」的段落樣式，進入「縮排和間距」的頁面，要令列點編號和列點內容各自排齊，方法就是在「左邊縮排」和「首行縮排」中填入數值來調校的。「左邊縮排」和「首行縮排」的數值必須相同，前者是正值，後者是負值。假設「左邊縮排」是「4」，「首行縮排」必須是「-4」(圖 5)。究竟數值要填多少，列點編號和列點內容才可排齊？由於文字字級大小、列點編號是數字、英文字母還是項目符號等因素，都會令數值有所不同，大家要不斷測試。

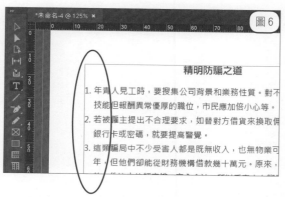

▲ Step 4：看！筆者分別在「左邊縮排」和「首行縮排」填入「4」和「-4」，列點編號和列點內文左右分明，效果很美觀啊 (圖 6)！

◎水平縮放：字體變肥變瘦，隨你喜歡！

在內文的「段落樣式選項」視窗，進入「進階字元格式」頁面，大家可以調校「水平縮放」的比例，使文字變肥或變瘦。

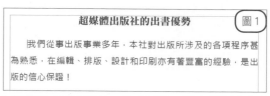

▲系統預設「水平縮放」為 100%，圖 1 是原文本來的效果。

跟我學：設計印刷＋發行銷售自己第一本書

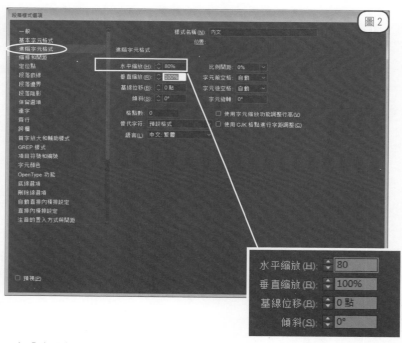

▲在「水平縮放」輸入 80%(圖 2)，設定完成後，大家看看下圖，會見到文字變得清瘦了。

水平縮放 80% 的效果：

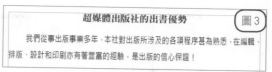

▲圖 3 是水平縮放了 80% 的效果

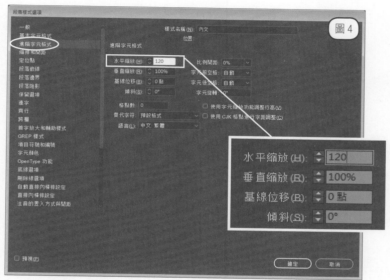

▲在「水平縮放」輸入 120%(圖 4)，設定完成後，大家看看下圖，會見到文字被拉肥了。

水平縮放 120% 的效果：

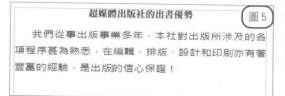

▲圖 5 是水平縮放了 120% 的效果

◎**垂直縮放：字體變長變扁，隨你喜歡！**

在內文的「段落樣式選項」裡面，進入「進階字元格式」頁面，大家可以調校「垂直縮放」的比例，使文字變長或變扁。

> **超媒體出版社的出書優勢** 圖 1
>
> 我們從事出版事業多年，本社對出版所涉及的各項程序甚為熟悉，在編輯、排版、設計和印刷亦有著豐富的經驗，是出版的信心保證！

▲系統預設「垂直縮放」為 100%，圖 1 是原文本來的效果。

▲在「垂直縮放」輸入 120%(圖 2)，設定完成後，大家看看下圖，會見到文字被拉長了。

垂直縮放 120% 的效果：

> **超媒體出版社的出書優勢** 圖 3
>
> 我們從事出版事業多年，本社對出版所涉及的各項程序甚為熟悉，在編輯、排版、設計和印刷亦有著豐富的經驗，是出版的信心保證！

▲圖 3 是垂直縮放了 120% 的效果

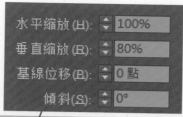

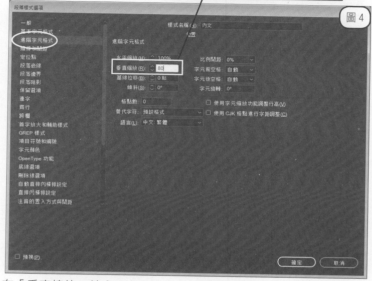

▲在「垂直縮放」輸入 80%(圖 4)，設定完成後，大家看看下圖，會見到文字被壓扁了。

垂直縮放 80% 的效果：

▲圖 5 是垂直縮放了 80% 的效果

◎首字放大

在雜誌編排裡，「首字放大」是常見的設計。如果你想排版效果如報章雜誌一樣，Adobe InDesign CC 都可以輕易辦到！

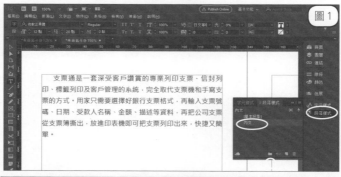

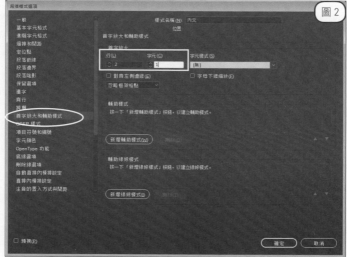

▲在「內文」的段落樣式視窗裡(圖1)，進入「首字放大和輔助模式」頁面，在「行」輸入「2」，代表首字放大的效果跨越兩行。另外，在「字元」輸入「1」(圖2)。效果如下圖：

> 支票通是一套深受客戶讚賞的專業列印支票、信封列印、標籤列印及客戶管理的系統，完全取代支票機和手寫支票的方式。用家只需要選擇好銀行支票格式，再輸入支票號碼、日期、受款人名稱、金額、描述等資料，再把公司支票從支票簿撕出，放進印表機即可把支票列印出來，快捷又簡單。

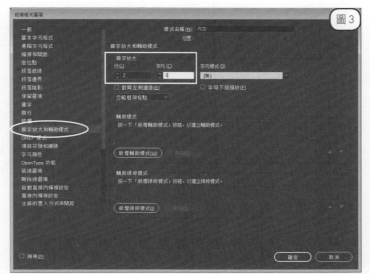

圖 3

▲如果想首三字放大，例如筆者想「支票通」三個字都變大，進入「首字放大和輔助模式」頁面，在「行」輸入「2」，代表首字放大的效果跨越兩行。另外，在「字元」輸入「3」即可 (圖 3)。效果如下圖：

> 支票通是一套深受客戶讚賞的專業列印支票、信封列印、標籤列印及客戶管理的系統，完全取代支票機和手寫支票的方式。用家只需要選擇好銀行支票格式，再輸入支票號碼、日期、受款人名稱、金額、描述等資料，再把公司支票從支票簿撕出，放進印表機即可把支票列印出來，快捷又簡單。

◎**上標下標**

在表達數學方程式時，或者寫註解時，都會用到上標下標的功能，例如「$X^2+Y^2=Z$」；或者「註[1]」。在 Adobe InDesign CC 裡，要選取部分文字，把它們切換成上標或下標，做法很簡單：

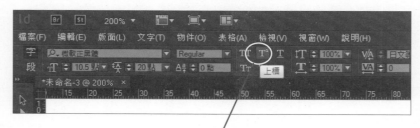

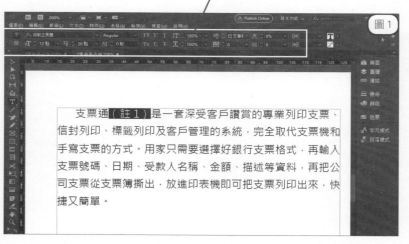

圖 1

支票通（註 1）是一套深受客戶讚賞的專業列印支票、信封列印、標籤列印及客戶管理的系統，完全取代支票機和手寫支票的方式。用家只需要選擇好銀行支票格式，再輸入支票號碼、日期、受款人名稱、金額、描述等資料，再把公司支票從支票簿撕出，放進印表機即可把支票列印出來，快捷又簡單。

選取要轉為上標的範圍 (圖 1)，按一下上圖圈中的 T 按鈕即可，效果如下圖：

支票通[註1] 是一套深受客戶讚賞的專業列印支票、信封列印、標籤列印及客戶管理的系統，完全取代支票機和手寫支票的方式。用家只需要選擇好銀行支票格式，再輸入支票號碼、日期、受款人名稱、金額、描述等資料，再把公司支票從支票簿撕出，放進印表機即可把支票列印出來，快捷又簡單。

跟我學：設計印刷＋發行銷售自己第一本書

◎文字 Underline 話咁易！

　　如果要選取部分文字，加上下劃線 (Underline)，做法亦很簡單！

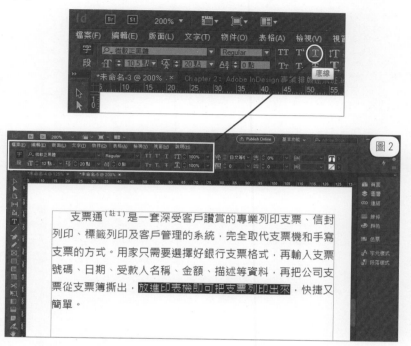

　　選取要加 Underline 的範圍 (圖 2)，按一下上圖圈中的 T 按鈕即可，效果如下圖：

6. 製作直排書刊

前文是以一本內文橫排的書做示範，如果大家想排一本直排的書刊，做法又該如何呢？

▲ Step 1：執行 Adobe InDesign CC 程式後，點選工具列「檔案」→「新增」→「文件」，即可進入「新增文件」視窗 (圖 1)。

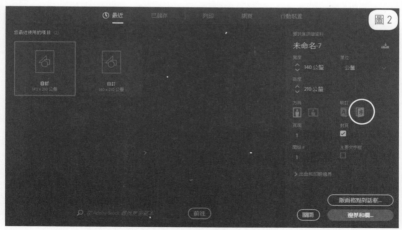

▲ Step 2：在「新增文件」視窗，點選圈中的選項，這個選項表示本書封面向右揭，書中的文字要直排 (圖 2)。

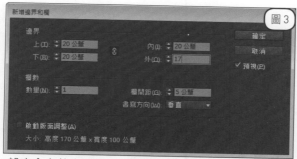

▲ Step 3：設定內文的上邊界、下邊界、內邊界和外邊界 (圖 3)，完成後，一個直排的開度已做好了！

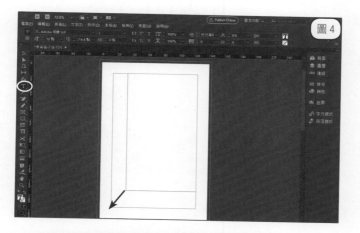

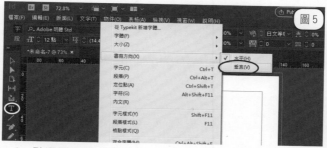

▲ Step 4：點選圈中的文字工具 (圖 4)，再選「垂直工具」(圖 5)，用滑鼠在版面框出內文範圍。

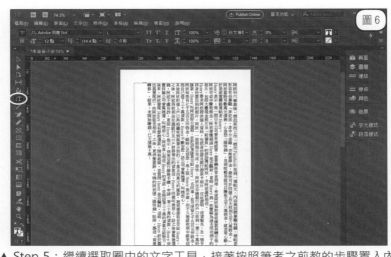

▲ Step 5：繼續選取圈中的文字工具，接著按照筆者之前教的步驟置入內文 (圖 6)。

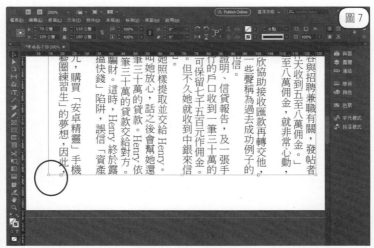

注意：橫排書的排文方向是由左至右，直排書的排文方向則由右至左。若置入的內文未能在一版裡全部顯示出來，「溢排文字」符號 (圖 7) 就會出現在左下角，讓大家新增頁面時順序置入餘下文字。

◎横排書部分直排內文

　　如果本書要横排，當中只有少部分內容要直排，做法又該如何呢？

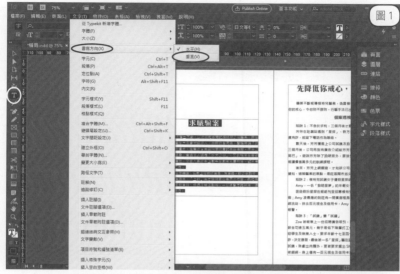

▲ Step 1：點選圖中的「T」按鈕，選取文字。接著，點選工具列「文字」→「書寫方向」→「垂直」(圖1)。

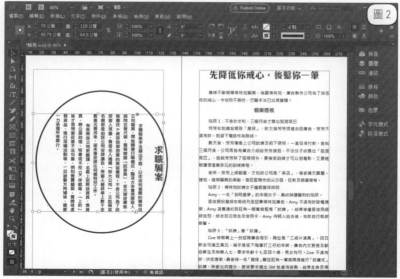

▲ Step 2：大家會看到直排的效果 (圖2)

◎直排英文和數字時的處理方法

　　直排內文時，大家會發現英文字母和數字會順時針 90 度角倒下來，例如下圖的「OK」，直排後會垂低了，效果很難看啊！要令英文字母和數字垂直，可跟以下做法：

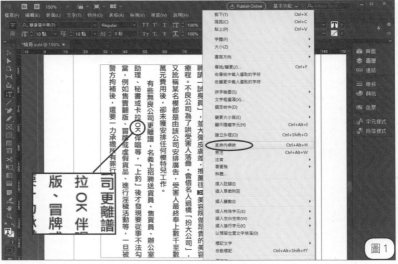

▲ Step 1：選取倒下來了的數字或英文生字後右擊滑鼠，在選單中選「直排內橫排」(圖 1)。

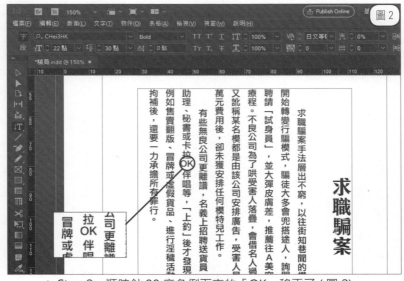

▲ Step 2：順時針 90 度角倒下來的「OK」移正了 (圖 2)。

跟我學：設計印刷＋發行銷售自己第一本書

7. 插入圖片

好啦！馬上就教大家如何插入圖片。如果大家要插入彩色圖片，先要把圖片轉成 CMYK 模式，圖片要有 300dpi 或以上，檔案格式以 Tiff 最佳。如果圖片為黑白，則要轉成 Grey Scale 模式，插入圖片步驟如下：

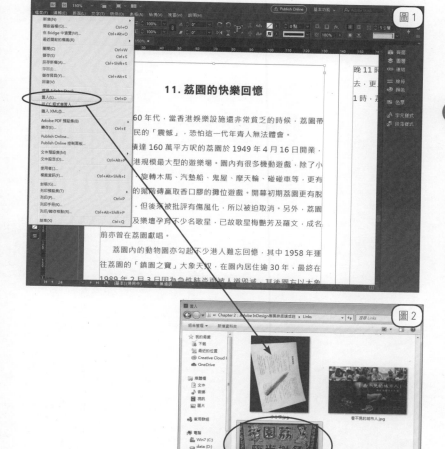

▲ Step 1：點選工具列「檔案」→「置入」，彈出「置入」的視窗後 (圖1)，大家即可選取一早已儲存在硬碟裡的圖片 (圖2)。

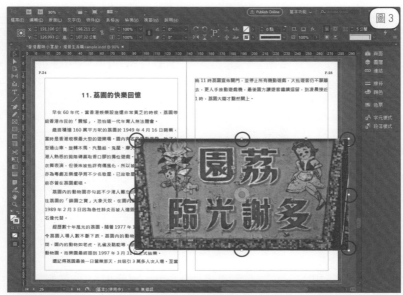

▲ Step 2：置入圖片後，同時按著「Ctrl」和「Shift」，圖片四邊出現合共八個方型伸縮點 (圖 3)，用滑鼠游標按著其中一個伸縮點，即可將圖片按比例拉大或縮小。

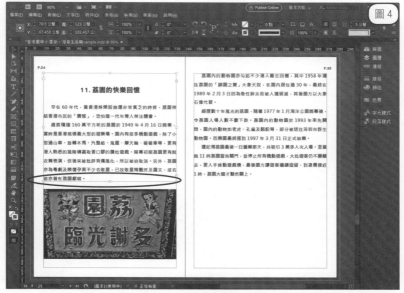

▲ Step 3：選擇圖片的擺放位置。筆者打算把此圖放在左頁的下半部 (圖 4)，首先要將左頁的文字框向上縮小一半，將一半內容移走到下一頁，空出的半版空白位置即可用來放置圖片。

跟我學：設計印刷＋發行銷售自己第一本書

◎圖片加陰影

如果想在圖片上加上陰影效果，首先點擊圖片，再點擊圖1圈中的按鈕，即可做出陰影效果。

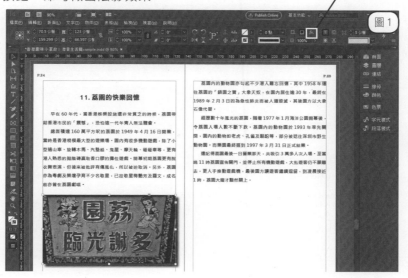

◎圖片其他陰影效果：例如羽化

如果大家想做為圖片做內陰影效果，點擊右上方的「fx」鍵，在選單中點選圈中的按鈕，在選單中選「基本羽化」（圖2）。

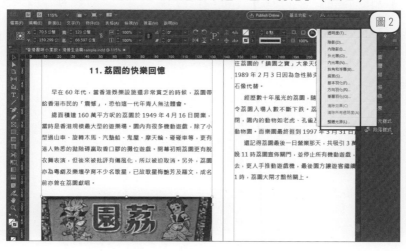

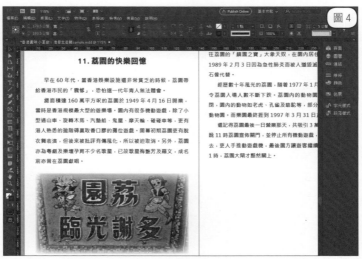

跟我學：設計印刷＋發行銷售自己第一本書

▲在「效果」視窗中 (圖 3)，大家可以設定圖片的特效，例如筆者選了「基本羽化」，羽化寬度設定為「10 公釐」，轉角為「擴散」。「確定」後，圖 4 馬上看到四邊羽化的圖片效果。

◎調校圖片角度

　　圖片放置得太四平八穩，未免太呆板了！以下筆者教大家旋轉圖片，令版面效果更添活力。

▲ Step 1：先置入圖片（圖 1），再利用圈中的四個按鈕，可以將圖片順時針或逆時針旋轉 90 度、左右底面反轉或上下調轉。又或者直接在 △ 右方輸入角度的度數。

順時針旋轉 90 度 ——————— 逆時針旋轉 90 度

左右底面反轉 ——————— 上下調轉

▲ Step 2：把圖片以不同角度展示，是否更吸引？（圖 2）

◎繞圖排文

　　如果大家想文字繞著圖片走的話，可以跟著以下步驟做，做出繞圖排文的生動效果：

▲ Step 1：先選好圖片的擺放位置，接著，點選工具列「視窗」→「繞圖排文」（圖1）。

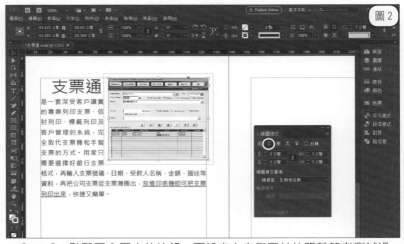

▲ Step 2：點擊圖2圈中的按鈕，再設定文字與圖片的距離筆者測試過，文字與圖片的距離有3mm的效果最佳，否則，文字和圖片黏得太近，會非常難看。

◎不規則繞圖排文

上文教大家繞圖排文，讓文字繞著方形圖走。但如果圖片是不規則圖形，依照上文做法，只能做出下面左圖的效果；怎樣才能讓文字繞著圖形的弧度來走，做出下面右圖的效果？

方法如下：

▲ Step 1：選取圖片後，點選左方圖 1 圈中的按鈕，按著圖片的外邊畫一個不規則框。

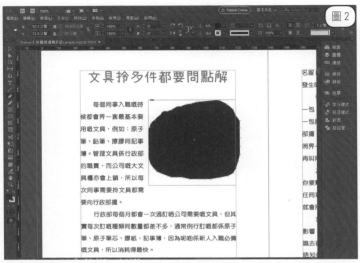

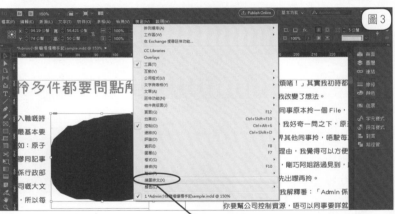

跟我學：設計印刷＋發行銷售自己第一本書

▲ Step 2：將原本在框內的圖片移開（圖2）。然後點選「繞圖排文」（圖3），點擊繞圖排文頁面框中的圖案（圖4），再在框中位置輸入數值，例如筆者輸入了「3」。

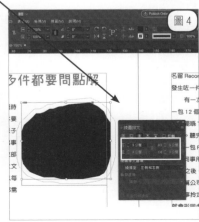

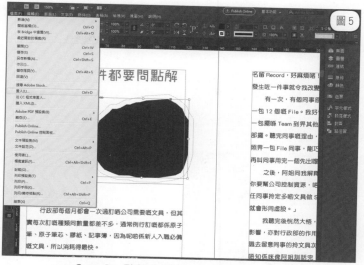

▲ Step 3：點擊「檔案」→「置入」(圖 5)

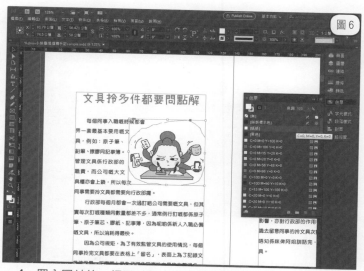

▲ Step 4：置入圖片後，把圖片縮小至所要的範圍，即大功告成 (圖 6)。

◎圖片對齊

　　有很多中小企公司都需要一份產品目錄，把產品圖片羅列出來，讓顧客一目了然。筆者都想做一份好書推介，等大家知道出版社有甚麼新書出版了，於是一氣過置入了 6 本新書的封面，但問題來了！置入後的圖片一高一低，一左一右，移來移去很費時失事！有沒有更有效率的方法嗎？當然有啦！Adobe InDesign CC 的畫圖工具和對齊功能可大派用場了！

▲圖 1：先點選要泊齊的圖片，如果上面工具列找不到「對齊」按鈕，可點選工具列「視窗」，再選取「物件與版面」→「對齊」，視窗立即會彈出「對齊」的工具列 (圖 1)，可以把圖片批量對齊，例如向上泊齊、向下泊齊、向左泊齊或向右泊齊。

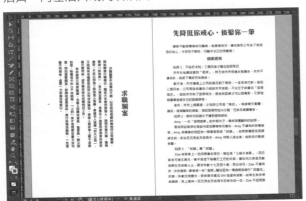

小秘技：在 InDesign 排版檔案上，按「W」鍵，可以啟動預示模式，讓大家看到版面的列印效果。

跟我學：設計印刷＋發行銷售自己第一本書

第3步：為書刊版面扮靚靚

大家隨便翻開一些消閒書刊，不難發現內文版面的上邊界、下邊界、左邊界或右邊界有特別設計，有些是圖案，有些則是文字，而文字可能是書名或篇章名等，讓讀者無論翻到哪一頁都知道該頁屬哪個章節。

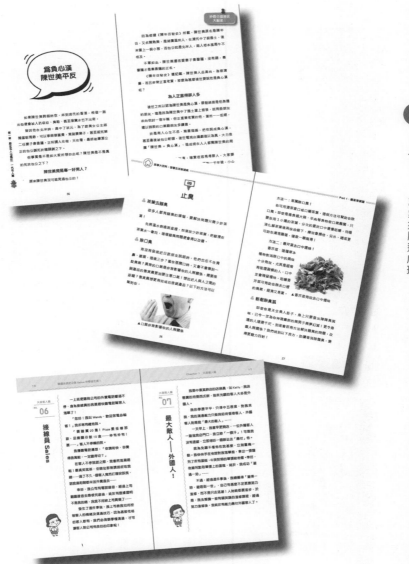

翻開每一頁，都見到相同的版頭圖案，難道這個圖案要每頁重複擺放，才做到這個效果？當然不會！這是利用 Adobe InDesign CC 的主版功能，幾個步驟即可將一個版面設計全書套用。

今時今日，多書刊的版面都很簡潔，主要都以書名、頁碼和簡單線條為主，筆者以下教大家利用 Adobe InDesign CC 的「矩形工具」、「線條」等功能，輕易做出一個可愛又特別的版面！

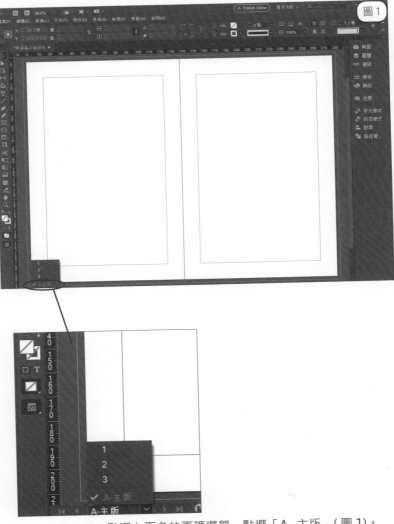

▲ Step 1：點選左下角的頁碼選單，點選「A- 主版」(圖 1)。

跟我學：設計印刷＋發行銷售自己第一本書

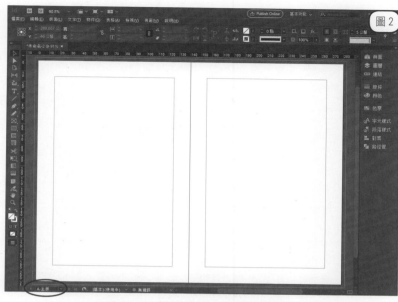

▲ Step 2：切換至「A- 主版」(圖 2)。

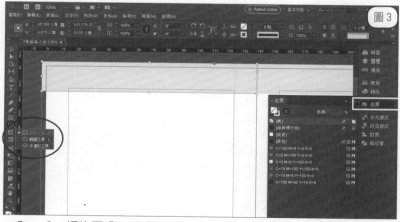

▲ Step 3：切換至「A- 主版」後，大家可以利用「矩形工具」拉出一個不同的圖形，然後在右方的「色票」自行調校色塊的透明度，讓圖形色塊變成不同深淺度的顏色 (圖 3)。

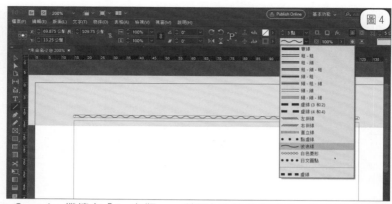

▲ Step 4：繼續在「A- 主版」，利用左方的線條工具，做出不同的線條效果 (圖 4)。

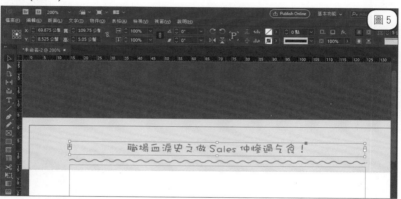

▲ Step 5：完成一些圖案設計後，接著，可輸入書名，大家可考慮把書名調較淺色一點，深色會讓人覺得「太實」，影響美觀 (圖 5)。

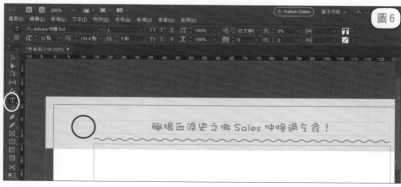

▲ Step 6：若要加上頁碼，做法是用滑鼠在頁碼位置框出文字範圍 (圖 6)。

跟我學：設計印刷＋發行銷售自己第一本書

▲ Step 7：右擊頁碼的文字框，在選單中選「插入特殊字元」→「標記」
→「目前頁碼」(圖 7)。

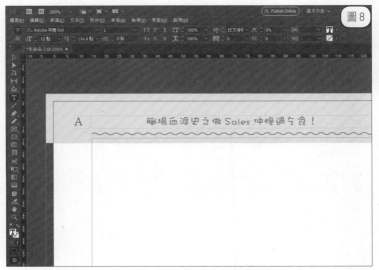

▲ Step 8：出現「A」(圖 8)，這就是頁碼的樣式。

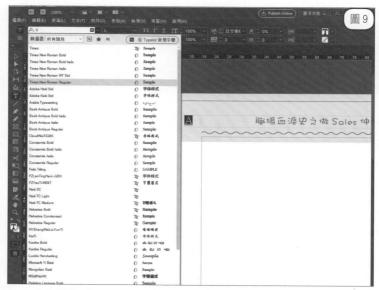

▲ Step 9：選取「A」，大家可以設定頁碼的字款、字級大小、顏色及對齊方式，包括向左排齊、向右排齊或置中等 (圖 9)。

▲ Step 10：複製左頁的頁碼框，貼到右頁 (圖 10)。

▲ Step 11：按鍵盤上的 Shift 後，同時點選兩個頁碼框，點選框中的選項，兩個頁碼框即可對齊 (圖 11)。

跟我學：設計印刷＋發行銷售自己第一本書

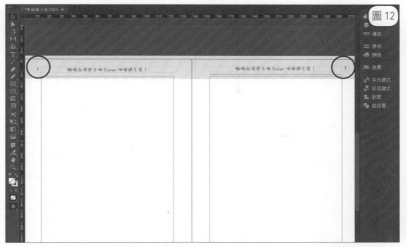

▲ Step 12：在頁碼選單中切換到內文 (圖 12)，大家就能見到每一頁都有頁碼，並會自動跳頁。

▲ Step 13：如果大家想頁碼前方有「P.」，可以直接在頁碼選單中切換到「A- 主版」，在「A」前方加「P.」即可 (圖 13)。

▲ Step 14：在頁碼選單中切換到內文，大家見到修改好的新頁碼樣式 (圖14)。簡單又有特色的版面設計，就大功告成了！

◎無版面

　　筆者之前教大家在主版加入頁碼，即可套用全書。但插頁、版權頁、前言、目錄頁一般都不會標上頁碼 (圖 1)。

　　如果有部分頁面不想顯示頁碼，可以怎樣做？以下筆者會為大家示範：

▲ Step 1：點選「頁面」(圖 2)，大家會見到整本書所有頁面都套用了「A-主版」。

▲ Step 2：在剪咀指著的位置，按「Shift」，點擊不想套用「A- 主版」的頁碼範圍，例如 P.2-3 的目錄；接著，按滑鼠右鍵，在選單中選「套用主版至頁面」(圖 3)。

▲ Step 3：進入「套用主版」視窗 (圖 4)

▲ Step 4：在「套用主版」的選單中有「無」這個選項，按「無」；「至頁面」則輸入「2-3」(即目錄範圍)，然後按「確定」離開 (圖 5)。P.2-3 的目錄頁沒有再標上頁碼了。注意：雖然不排頁碼，但該頁仍計算在全書總頁數內。

◎小貼士：新增主版面

　　以下教大家為每個 Chapter 新增一個不同主版，各自做不同的設計，例如不同章節的版頭顯示相關章節名稱，方便讀者閱讀。

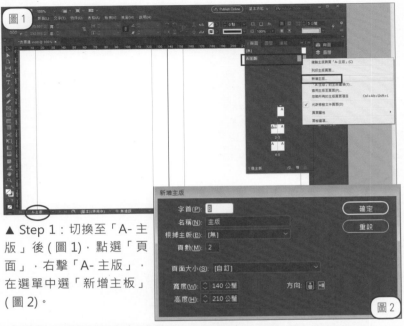

▲ Step 1：切換至「A- 主版」後 (圖 1)，點選「頁面」，右擊「A- 主版」，在選單中選「新增主板」(圖 2)。

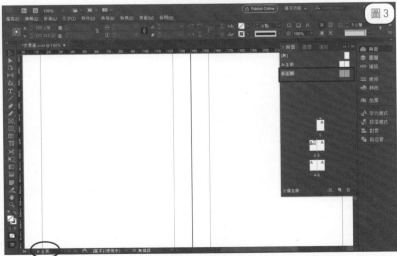

跟我學：設計印刷＋發行銷售自己第一本書

▲ Step 2：在頁碼選單中多了一個「B- 主版」，大家可以切換至「B- 主版」做不同的版面設計 (圖 3)。

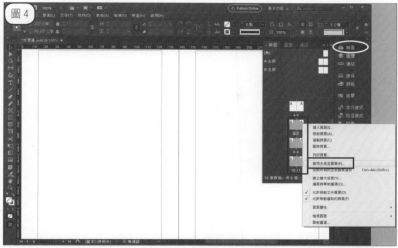

▲ Step 3：點選「頁面」，這裡羅列了整本書的頁面，頁面預設是套用「A-主版」的，假設 P.6-11 想切換至「B- 主版」，選取 P.6-11 的範圍後按右鍵，在選單中選「套用主版至頁面」(圖 4)。

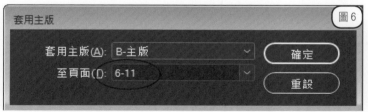

▲ Step 4：彈出「套用主版」視窗，設定 P.6-11 要套用哪個主版即可 (圖 5、6)。

第 4 步：為書刊製作封面

Adobe InDesign CC 除了可用來做內文排版外，也是設計封面的好幫手！以下筆者會教大家用此軟體製作封面。筆者以一本闊 14cm 高 21cm 內文橫排的書刊做示範：

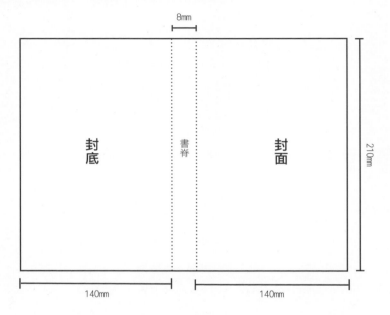

書脊的厚度視乎本書的內文頁數厚度和總頁數而定，大家設計封面書脊時，可向印刷廠了解實際厚度。

根據我們專業的出書經驗，假設本書內文 160 頁，用 80gsm 書紙來印刷，本書厚度應為 8mm。本書闊 14cm 高 21cm，在 Adobe InDesign CC 就要新增一個以下尺寸的封面檔案：

闊度：140mm(封底) + 8mm(書脊) + 140mm(封面)
　　　=288mm(完整封面的闊度)

高度：210mm

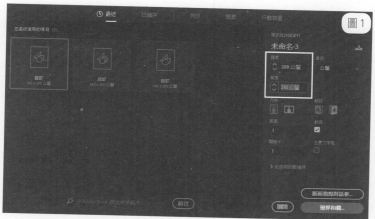

▲ Step 1：在寬度直接輸入 288 公釐，高度輸入 210 公釐，接著按「邊界和欄」(圖 1)。

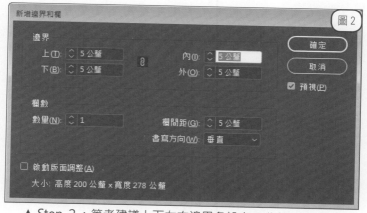

▲ Step 2：筆者建議上下左右邊界各設定 5 公釐 (圖 2)

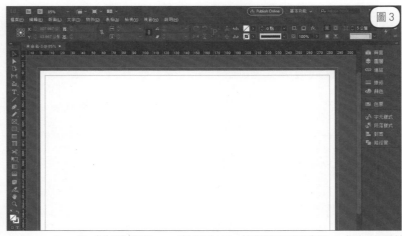

▲ Step 3：尺寸為闊 288mm 高 210mm 的版面已開啟了！參考線距離邊線有 5mm 距離，如果大家想封面的文字和圖片完整地顯示出來，最好把它們放置在參考線之內。否則，萬一印刷機器裁紙時有些微偏差，就會把太接近邊線的文字或圖片裁走 (圖 3)。

▲ Step 4：用滑鼠游標點擊圖 4 圈中的十字線，拉動十字線 (圖 5)，將它拉到參考線的角位，即可把尺標的「0」對正參考線 (圖 6)。

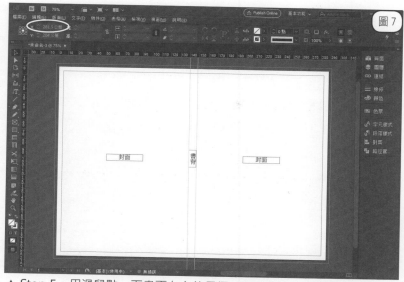

▲ Step 5：用滑鼠點一下畫面左方的尺標，即可向右拉出導線，在圈中的「X 位置」輸入 140；再拉出第二條導線，輸入 148，即可準確畫分封面、封底和書脊的範圍 (圖 7)。

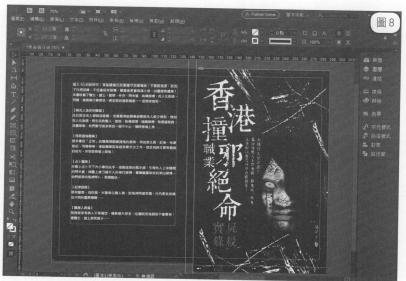

▲ Step 6：筆者之前教過大家插入內文和圖片的方法，大家依據有關步驟，在封面、封底和書脊部分輸入所要的文字及圖片，再轉換成 PDF 格式，就可以交給印刷廠印刷啦 (圖 8)！

第 5 步：埋門一腳，臨印刷前作最後校對修改！

完成整本書的排版後，大家要印出來校對。這個步驟很重要！校對時找到任何錯漏，返回 Adobe InDesign CC 好好修改後，就可以準備入印刷廠啦！

▲ Step 1：要把排版稿列印出來，方法很簡單！點選工具列「檔案」→「列印」(圖 1)。

▲ Step 2：選擇印表機，再選取列印範圍。建議大家勾選「跨頁」，本書是 A5 尺寸，勾選了跨頁之後，就可以用盡 A4 紙，每頁 A4 印 2 頁對頁。完成設定後，按「列印」(圖 2)。

▲ Step 3：把排版稿列印出來後 (圖 3)，小心校對。

◎轉換檔案，準備交印刷廠！

檢查及修正好排版稿內容後，可以開始轉換成印刷檔案啦！筆者以下教大家兩個重要工作：

步驟一：把整個檔案封裝打包

把檔案封裝打包，打包後把整本書的 Adobe InDesign CC 檔案、圖片及字型完整統一地放在一起，方便大家轉換電腦時，把本書的全部檔案一缺不漏地帶走。

步驟如下：

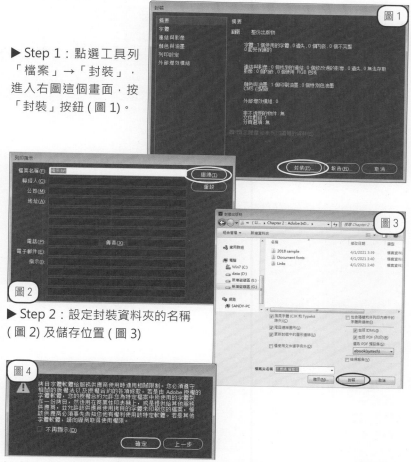

▶ Step 1：點選工具列「檔案」→「封裝」，進入右圖這個畫面，按「封裝」按鈕 (圖 1)。

▶ Step 2：設定封裝資料夾的名稱 (圖 2) 及儲存位置 (圖 3)

▶ Step 3：此時，會出現「警告」視窗，按「確定」後 (圖 4)，程式開始封裝，返回儲存位置，即可看到封裝的資料夾，打開一看，會見到 Adobe InDesign CC 檔案及所有圖檔、字型及一份封裝報告 (txt 格式)。

步驟二：轉換成 PDF 格式的印刷檔案

轉換成 PDF 格式的印刷檔案，好處是印刷廠可以直接用來印刷，方便快捷。步驟如下：

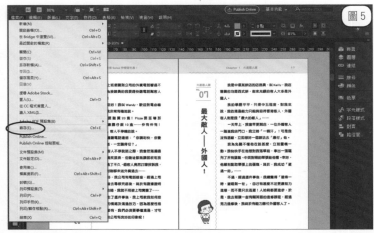

▲ Step 1：點選工具列「檔案」→「轉存」，開始將文件轉存為 PDF（圖5）。

▲ Step 2：選擇儲存位置，檔案類型選擇 Adobe PDF，按「儲存」（圖6）。

跟我學：設計印刷＋發行銷售自己第一本書

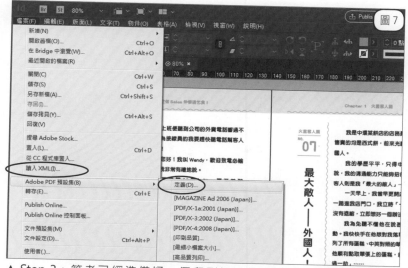

▲ Step 3：筆者已經準備好一個印刷設定檔供大家下載 (http://www.
systech.hk/joboptions.rar)，大家首先點選工具列「檔案」→「Adobe
PDF 預設集」→「定義」(圖 7)。

Step 4：進入「Adobe PDF 預設集」後，點按「載入」(圖 8)，把筆者提
供的印刷設定檔載入 Adobe InDesign CC 裡 (圖 9)。

▲ Step 5：可以見到 Adobe PDF 預設已經變成「softages(indesign)」了 (圖 10)！

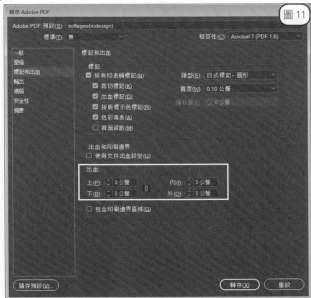

▲ Step 6：進入「標記和出血」的頁面，確定勾選了「所有印表機標記」下方的「裁切標記」和「出血標記」，再在「出血和印刷邊界」下方的「出血」，確定上下左右輸入了「3 公釐」，然後按「轉存」(圖 11)！

▲ Step 7：轉檔完成後，返回設定的儲存位置，可以找到 PDF 出版檔了 (圖 12)。

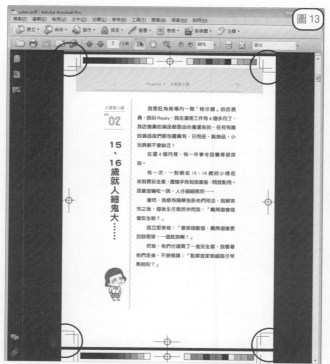

▲ Step 8：按照以上步驟，就可以轉出一個合符印刷規格的 PDF 了。開啟 PDF 出版檔 (圖 13)，會看見版面四個角落均有裁切標記。

注意：某些字體有版權，如果大家用了未授權的字款，是無法把 Adobe InDesign CC 轉換成 PDF 檔案的。當大家強行轉檔時，會彈出圖 14 的畫面。無法轉換成 PDF 檔案。這個時候的解決辦法是在內文逐個把字型轉成外框字 (Outline) 了。

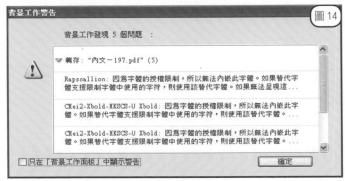

跟我學：設計印刷＋發行銷售自己第一本書

　　做法是開啟檔案，用滑鼠選取有版權問題的文字，按滑鼠右鍵，在選單中選「建立外框」(圖 15)，即可將大家所選取的文字轉成外框。注意：當文字轉了外框字，不能改字。

　　把所有有版權問題的文字都轉成外框後，再重複以上步驟轉成 PDF。

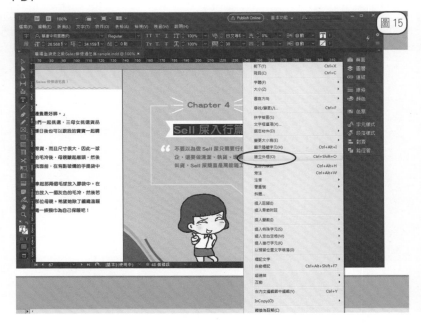

小貼士：高效省時的進階技

用 InDesign 排版十分方便，但原來當中更有些鮮為人知的實用功能！在本章，筆者會向大家介紹數個加快大家的排版進度技秘！

秘技 1：批量更改文字

如大家在排版後，發現自己不小心打錯字，而該字在整本書多處都有出現，要逐個逐個去更改？

又或者大家正在寫一本小說，想修改全書中男主角的名字，難度要逐版查找男主角的名字來修改？

不用吧！只要使用「尋找／變更」功能，批量更改文字即可！

例如筆者想把全書男主角的名字：「查理」更改為「曹查理」，只要兩個步驟，全書錯字即刻更正！

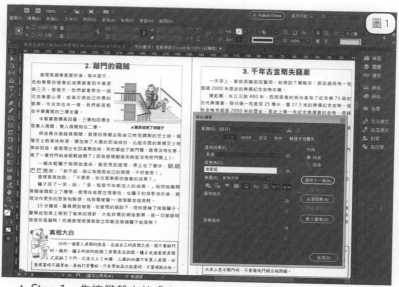

▲ Step 1：先按鍵盤上的「Ctrl + F」打開「尋找／變更」(圖1)。

圖2

▲▶ Step 2：在「尋找目標」中輸入錯誤的文字「查理」，並在「變更為」輸入正確的文字，即「曹查理」（圖2），輸入好後，便按「全部變更」。系統會告知大家取代的數量，大家按「確定」即可（圖3）。

圖3

Adobe InDesign

⚠ 已完成搜尋。148 處取代已完成。

確定

跟我學：設計印刷＋發行銷售自己第一本書

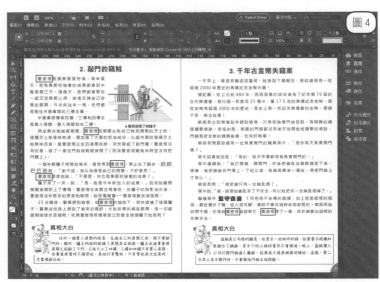

圖4

▲ Step 3：按下圖的 2「全部變更」後，全文的錯字已更正了（圖4）！

秘技 2：輕鬆搞定文字空行

如果大家的 Word 的文字排入 InDesign 後，發現有很多空行，大家先不用逐行逐行刪除，有個更方便的方法！

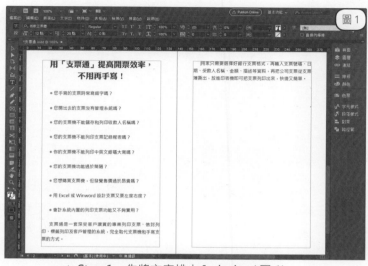

▲ Step 1：先將文字排上 Indesign(圖 1)。

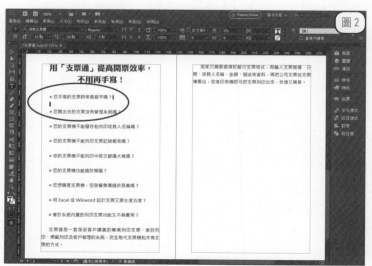

▲ Step 2：如圖 2 一樣，複製「空行」(圖 2)。

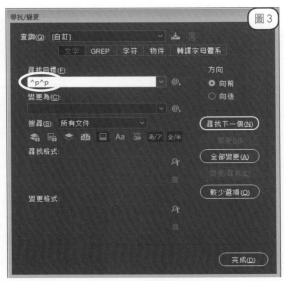

▲ Step 3：然後在鍵盤上的「Ctrl + F」打開「尋找 / 變更」，在「尋找目標」中貼上已複製的「空行」，貼上後，大家會發現出現了「^p^p」的字句，這個字句是代表空行 (圖 3)！

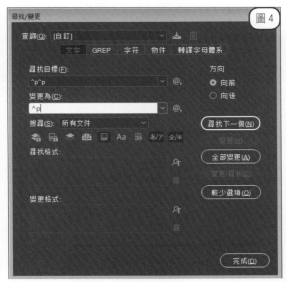

▲ Step 4：在「變更為」中輸入「^p」，然後按「全部變更」即可 (圖4)！

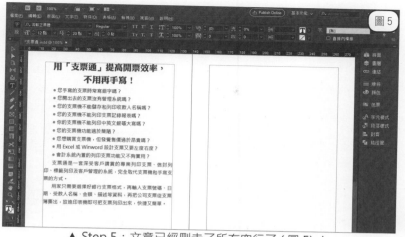

▲ Step 5：文章已經刪走了所有空行了（圖5）！

秘技 3：快速更換圖片

如果大家置入圖片後，發現自己置入錯誤，有個懶人的圖片切換方法，如下：

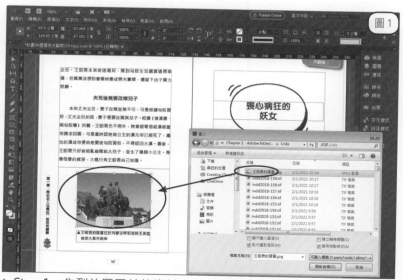

▲ Step 1：先到放置圖片的資料夾中，然後點選圖片，直接將圖片拉至 InDesign 錯誤的圖片位置（圖1）。

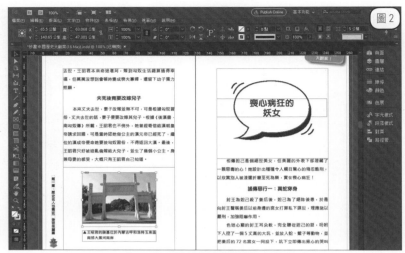

▲ Step 2：圖片已經變更了 (圖 2) ！

秘技 4：快速將字體美化

◎將字體加粗

文中有個別字眼要轉粗體，要動手逐個轉換嗎？原來，InDesign 除了有段落樣式，更有「字元」樣式，使用方法跟段落樣式差不多，只要設定好樣式後，選取需要變更的文字，便可立即轉樣式了！

▲ Step 1：先在上方的「視窗」中，點選「樣式」→「字元樣式」，建立快捷欄 (圖 1)。

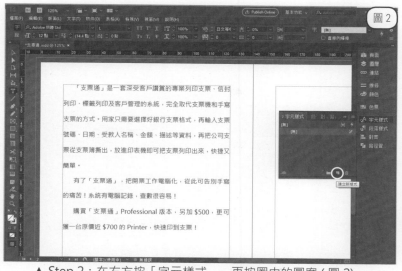

▲ Step 2：在右方按「字元樣式」，再按圈中的圖案 (圖 2)。

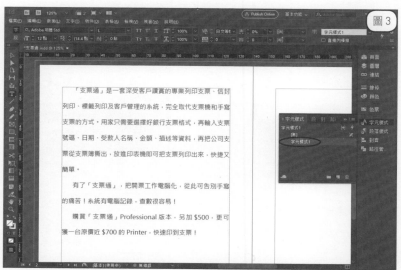

▲ Step 3：按下圖 2 圈中的圖案後，點擊選單中的「字元樣式 1」(圖 3)。

▲ Step 4：大家可以像設定段落樣式一樣，自行選擇字型、行距等，而筆者因需要轉粗體，因此設定好與內文一樣的字距、行距後，選了「華康儷粗黑」(圖 4)。

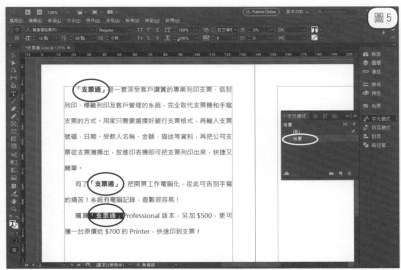

▲ Step 5：設定好樣式後，大家可選取需要轉粗體的字，並按一下新增的字元樣式，便完成了 (圖 5)！

跟我學：設計印刷＋發行銷售自己第一本書

◎更改字體邊框顏色

如果大家認為標題文字太平平無奇，可嘗試幫文字加一個粗框，看起來就不會那麼單調了！

點選「文字 T」按鈕，
可以在「色票」選單
中切換文字的顏色。

點選「邊框 T」按鈕，
可以在「色票」選單中
切換文字邊框的顏色。

▲ Step 1：選取文字後，在圈中選取「文字 T」或「邊框 T」，即可在「色票」選單中切換顏色 (圖 1)。

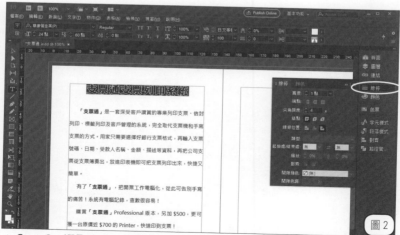

▲ Step 2：選取文字，再點擊「邊框 T」按鈕，在「線條」的「寬度」中，選擇自己認為合適的粗度便完成了 (圖 2)。

◎特效邊框陰影字

大家排版時有否覺得一般文字過於沉悶？其實只要善用大家常用的效果，簡簡單單都可做出一些看起來簡單但又美觀的文字效果，例如陰影字。

▲ Step 1：筆者想把標體字做陰影效果，於是，首先把標題以獨立文字框顯示。接著，右擊標題的文字框，在選單上點選「效果」→「陰影」(圖1)。

▲ Step 2：完成後，大家可看見標題文字下多了一層陰影 (圖2)。

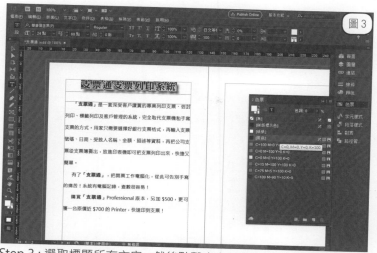

▲ Step 3：選取標題所有文字，然後點擊右方的「色票」，點選圈中的「邊框 T」，並點擊「紙張」，即白色 (圖 3)。

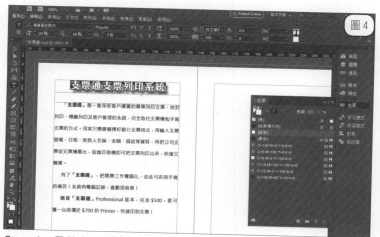

▲ Step 4：最後在「線條」的「寬度」中，選擇自己認為合適的粗度便完成了 (圖 4)。

▲ Step 5：完成 (圖 5) ！

秘技 5：設定複合字

有時，當大家設定了內文的字款後，會發覺文中的標點符號很異樣。例如筆者的文章 A 是直排的，內文字款設定為「華康粗明體」，中文字效果很滿意；但「華康粗明體」的標點符號則倒轉了。

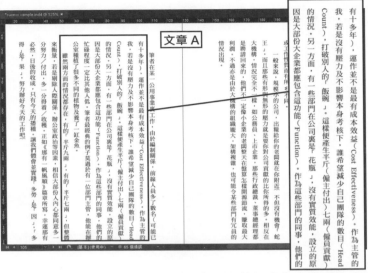

又例如，筆者的文章 B 是橫排的，內文字款設定為「華康仿宋體」，中文字效果很滿意；但「華康仿宋體」的英文字不好看，畢竟用英文字款（例如 Times New Roman）呈現英文字，效果最美觀。

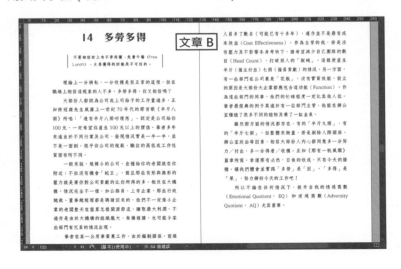

跟我學：設計印刷＋發行銷售自己第一本書

我們可以為內文的中文字、英文字和標點符號同時設定不同字款嗎？答案是「可以」的！筆者以下用「文章B」做示範：

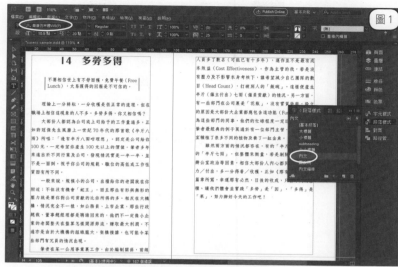

▲ Step 1：「文章B」的內文已設定為「CFangSongHK」，即華康仿宋體(圖1)。

▲ Step 2：點擊工具列的「文字」，在選單中選「複合字體」(圖2)。

▲ Step 3：進入「複合字體編輯器」的視窗（圖3），點擊「新增」。

▲ Step 4：進入「新增複合字體」的視窗（圖4）

▲ Step 5：為「複合字體」命名，如「中文內文」（圖5）

▲ Step 6：為「複合字體」命名後，筆者就開始為這篇文章的漢字（中文字）、標點符號、符號、羅馬字（英文字）和數字設定不同的字款（圖6）。

●漢字（中文字）：設定為「華康仿宋體（CFangSongHK）」
●標點符號：設定為「華康儷細黑」
●符號：設定為「華康儷細黑」
●羅馬字（英文字）：設定為「Times New Roman」
●數字：設定為「Times New Roman」
設定完成後，按「確定」。

▲ Step 7：點擊「是」，以確認筆者在 Step 6 的字款設定（圖7）。

▲ Step 8：點擊「段落樣式」的「內文」，進入「段落樣式選項」，在「基本字元格式」的字體系列選取剛才筆者命名的複合字（圖8）。

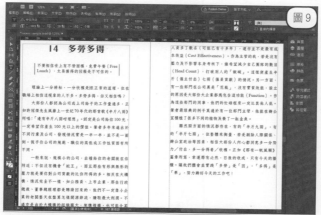

▲ Step 9：設定完成後，大家見到，全文的中文字是「CFangSongHK」（華康仿宋體），當中的英文字和數字則切換成「Times New Roman」了（圖9）。

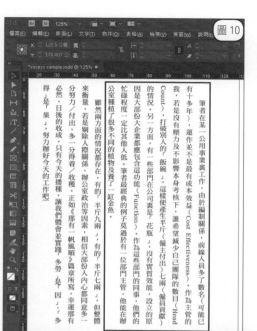

圖10

圖11

美化前

美化後

筆者在某一公用事業裏工作，由於編制關係，前線人員多了數名（可能已有十多年）。運作並不是最有成本效益（Cost Effectiveness）。作為主管的我，若是沒有壓力及不影響本身考核下，誰希望減少自己團隊的數目（Head Count）。打破別人的「飯碗」。這樣便產生半斤（偏主付出）七兩（僱員貢獻）的情況。另一方面，有一些部門在公司裏是「花瓶」。沒有實質效能。設立的原因是大部份大企業都應包含這功能（Function）。作為這些部門的同事。他們的忙碌程度一定比其他人低。筆者最經典的例子莫過於有一位部門主管。他能在辦公室種植了很多不同的植物及養了一缸金魚。

雖然兩方面的情況都存在。有的「半斤九兩」。有的「半斤七兩」。但整體來衡量。若是剔除人際關係、辦公室政治等因素。相信大部份人內心都同意多一分努力／付出。多一分得着／收穫。正如《那有一帆風順》篇章所寫。幸運那有必然。日後的收成。只有今天的播種。讓我們體會並實踐「多勞」是「因」。「多得」是「果」。努力辦好今天的工作吧！

▲用以上相同方法，筆者利用「複合字」的做法，內文繼續沿用「華康粗明體」，標點符號則切換成「華康細黑體」，原本倒轉了的標點符號，終於正常顯示了（圖10、11）。

跟我學：設計印刷＋發行銷售自己第一本書

秘技 6：整本書轉成外框字

之前提及，某些字體有版權，如果大家用了未授權的字款，是無法把 Adobe InDesign CC 轉換成 PDF 檔案的。這個時候的解決辦法是在內文逐個把字型轉成外框字 (Outline) 了！如果大家不想逐個把字型轉成外框字，以下教大家整個檔案「一次過」轉成外框字 (Outline)，方便快捷：

▲ Step 1：打開已做好的 InDesign 檔案，進入主版面，點擊工具列「編輯」，在選單中選「透明度平面預設集」(圖 1)。

▲ Step 2：這時，彈出「透明度平面化預設集」的視窗，大家點擊「高解析度」，再按「新增」按鈕 (圖 2)。

▲ Step 3：輸入預設集的名稱，例如「Book Outline」；接著，勾選「將所有文字轉換為外框」(圖 3)。

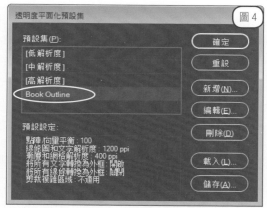

▲ Step 4：在預設集選擇剛才大家自訂的名稱，例如「Book Outline」，再按「確定」(圖 4)。

▲ Step 5：返回 InDesign 的主版面 (圖 5)

跟我學：：設計印刷＋發行銷售自己第一本書

▲ Step 6：在主版頁面上繪製一個覆蓋兩頁的圖框，點擊工具列「物件」→「效果」→「透明度」(圖6)。

▲ Step 7：將圖框的不透明度設定為「0%」(圖7)，按「確定」即可。若大家的 InDesign 檔案有其他主版面，把主版面的透明圖框複製到其他主版。

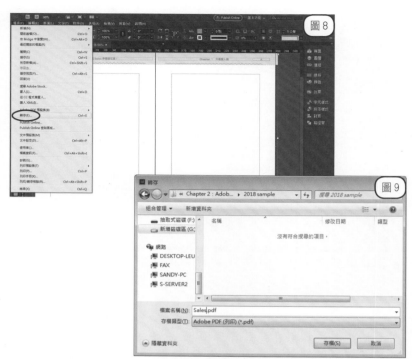

▲ Step 8：接著，可以開始轉成印刷檔了。點擊工具列的「檔案」→「轉存」（圖 8）。設定好儲存位置後，按「存檔」（圖 9）。

◀ Step 9：進入「轉存 Adobe PDF」視窗，在「進階」頁面，將「相容性」設為 PDF 1.3，在「透明度平面化」的選單中選擇剛才大家命名的預設集（「Book Outline」）（圖 44）。完成後，按「轉存」（圖 10）。

跟我學：設計印刷＋發行銷售自己第一本書

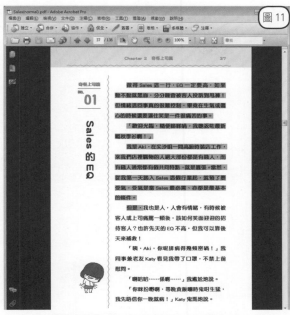

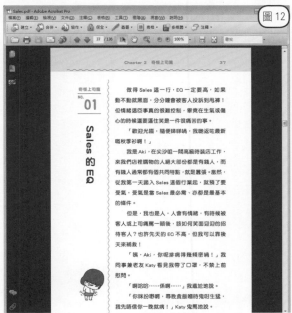

▲ Step 10：轉成 pdf 後，大家打開一看，原本文字可選取的檔案
（圖 11），會發現現在所有文字都無法選取（圖 12），證明文字已轉成
Outline。無論檔案放到甚麼電腦，字款都不會走樣。

Chapter 3：超簡易！逐步教你製作 海報 / 單張 / 卡片

Adobe InDesign CC 不 止 是排版軟體咁簡單！大家除了用 來排內文外，還可以設計單張 / 海報 / 卡片都無問題！做法相當 簡單！

跟我學：設計印刷＋發行銷售自己第一本書

（一）海報製作

1. 做海報前必備的知識

Step 1：準備海報用的圖片

在製作海報之前，大家要準備海報用的圖片。例如筆者要製作 一張新書的宣傳海報，自然少不了新書的封面圖。另外，大家又可 以準備一些點綴用的花紋圖案，替海報美化。

Step 2：準備宣傳文字

大家可以用 Word 寫好宣傳文字，又或者直接在 Adobe InDesign CC 裡輸入文字亦可。

Step 3：計劃海報尺寸

海報的尺寸有很多種，一般有：
A2 尺寸：431mm X 610mm
A3 尺寸：420mm x 297mm
A4 尺寸：210mm x 297mm
A5 尺寸：148mm x 210mm

Step 4：在 Adobe InDesign CC 新增檔案

筆者以下會用 A4 尺寸的海報 (210mm x 297mm) 做示範，現 在就用 Adobe InDesign CC 新增一個 210mm x 297mm 的版面。

2. 設計製作海報的步驟

筆者以單頁彩色的海報作示範：

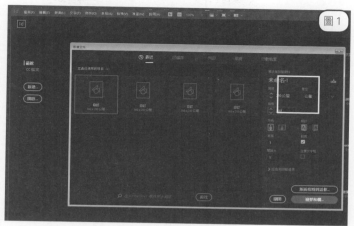

▲ Step 1：開啟一個 210mm x 297mm 尺寸的 Adobe InDesign CC 版面 (圖 1)

▲ Step 2：筆者喜歡藍色做地色，於是點選圖 2 圈中的工具按鈕，用滑鼠劃出色塊範圍。接著，在色票中選取顏色，例如藍色。大家可以在「色調」輸入數值，以調整藍色的深淺度。

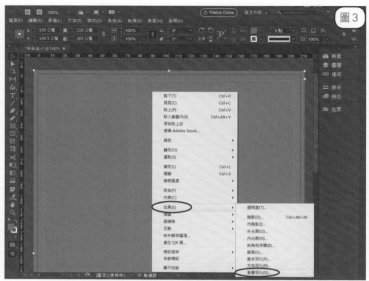

▲ Step 3：除了調整色塊顏色的深淺度，還可以設定漸變效果。方法是用滑鼠右擊色塊，在選單中選「效果」→「漸層羽化」(圖 3)，在「效果」的視窗中勾選「漸層羽化」，大家可在這裡設定漸變的方向和漸變的程度 (圖 4)。

▲ Step 4：色塊成功做了漸變效果 (圖 5)

跟我學：設計印刷＋發行銷售自己第一本書

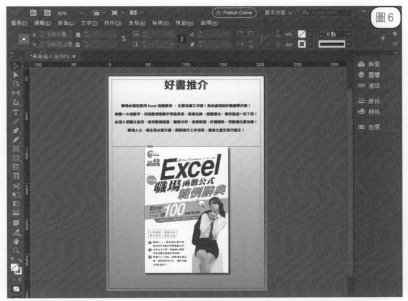

▲ Step 5：置入書本圖片，一張似模似樣的新書海報就大功告成了(圖6)！
完成後把檔案轉存成 PDF 格式即可交印刷廠印刷了！

單面彩色和雙面彩色

海報的顏色分布有多種選擇，包括：
雙面彩色：兩面都是彩色印刷，印刷術語叫 4C+4C；
單面彩色：一面彩色，另一面留白；印刷術語叫 4C+0C；

筆者建議大家在動手做海報之前，先問問印刷廠有關海報的
報價。以 A4 尺寸的海報為例，無論是單面彩色或雙面彩色印刷，
有些印刷廠的收費是同價的。即使是 A3 尺寸的海報，500 張的
雙面彩色印刷收費都只是比單面彩色貴 $100 左右。作為精打細
算的你，不難發現雙面彩色其實是較著數的。

前面提及，把書本的印刷檔案交給印刷廠後，印刷廠會先印
一份藍紙打稿給大家核對。如果大家只是印刷海報，印刷廠就未
必會大費周章地印一份打稿給大家，而只會電郵數碼打稿給大家
核對。大家電郵確認無誤後，印刷廠就會開機印刷，單張的印刷
時間較短，以 1000 張為例，一般 2 至 3 天即可印好。

（二）宣傳單張製作

1. 做單張前必備的知識

Step 1：準備單張用的圖片

在製作單張之前，大家要準備海報用的圖片。例如筆者要製作一張產品的宣傳海報，自然少不了產品的相片。

Step 2：準備宣傳文字

大家可以用 Word 寫好產品的宣傳文字，又或者直接在 Adobe InDesign CC 裡輸入文字亦可。

Step 3：計劃單張尺寸

單張的尺寸種類繁多，由最常見的 A4 尺寸和 A5 尺寸，到各式各樣的尺寸都有。單張印好後，大家亦可以選擇不同的摺法，包括荷包摺、風琴摺 2 條骨、風琴摺 3 條骨、十字摺、對門摺和雙鬼拍門等。

Step 4：在 Adobe InDesign CC 新增檔案

筆者以下會用 270mm x 135mm 的「風琴摺 2 條骨」單張做示範，現在就用 Adobe InDesign CC 新增一個 186mm x 142mm 的版面。

2. 解構對摺式單張

　　「風琴摺 2 條骨」有 6 面，「封面 1」是整份單張的封面，是讀者第一眼看到的畫面，因此，要製作得份外精美。

　　至於「封面 2」、「封面 3」、「封面 4」、「封面 5」和「封面 6」是產品內容。

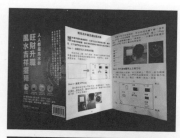

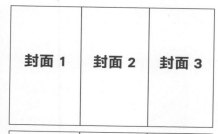

封面 1	封面 2	封面 3
封面 4	封面 5	封面 6

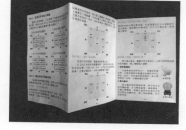

3. 手把手教你做「風琴摺 2 條骨」單張！

　　筆者以下即席做示範，教大家做「風琴摺 2 條骨」單張：

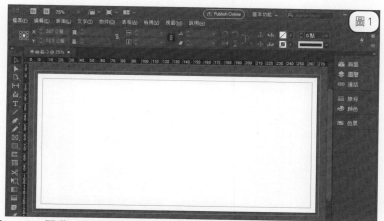

▲ Step 1：開啟一個 270mm x 135mm 尺寸的 Adobe InDesign CC 版面（圖 1）

▲ Step 2：用滑鼠游標點擊圖 2 圈中的十字線，將它拉到邊界的角位，即可把尺標的「0」對正邊界角位。

▲ Step 3：用滑鼠點一下畫面左方的尺標，即可向右拉出導線，在圈中的「X 位置」輸入 90；再拉出第二條導線，輸入 180，即可準確把 270mm x 135mm 版面平分三份 (圖 3)。

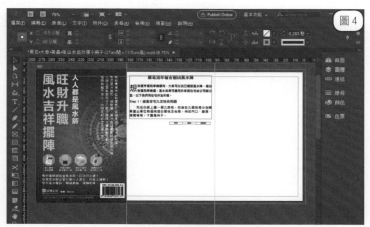

▲ Step 4：利用之前教授的方法置入圖片和輸入宣傳字句 (圖 4)，只消三兩下功夫，單張的封面雛型已做好了！

跟我學：設計印刷＋發行銷售自己第一本書

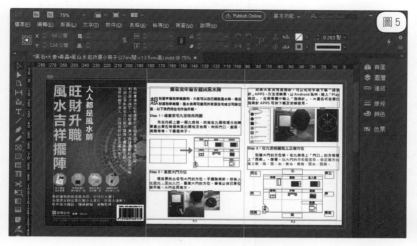

圖5

▲ Step 5：「封面1」、「封面2」和「封面3」大致完成了！現在就利用筆者之前教授的方法新增多一頁，開始做「封面4」、「封面5」和「封面6」。重複 Step 2 和 3，畫出對摺位置。平分好三份後，即可放置「封面4」、「封面5」和「封面6」的內容 (圖 5)。

書刊印刷小提示

　　單張的摺法有很多種，包括荷包摺、風琴摺 2 條骨、風琴摺 3 條骨、十字摺、對門摺和雙鬼拍門等，大家把檔案交給印刷廠時，要說明清楚對摺的方向，最好事前把檔案打印出來，再按照自己的意向摺一次，再把摺好的樣版交給印刷廠跟住做，就萬無一失了！

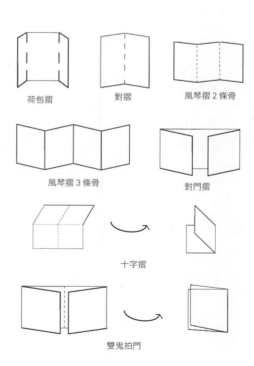

荷包摺　　　　對摺　　　　風琴摺 2 條骨

風琴摺 3 條骨　　　　對門摺

十字摺

雙鬼拍門

（三）卡片製作

1. 做卡片前的必備知識

Step 1：準備公司 logo

在製作卡片之前，大家要準備公司 logo。

Step 2：準備卡片內容

大家可以用 Word 寫好卡片內容，包括公司名稱、卡片持有人的中英文姓名、職位、聯絡電話、地址、電郵，以及公司背景及服務的精要簡介。

Step 3：計劃單張尺寸和用料

一般卡片的標準尺寸是 90mm x 54mm，用料主要是粉卡或卡紙過啞膠，標準規格的卡片印費較經濟實惠。如果大家追求特別尺寸的卡片，卡片上面又要做特效，例如燙金、燙銀或四邊圓角等，就要付較高昂的價錢，大家請自行向印刷廠查詢。

標準尺寸及方角的卡片

有圓角特效的卡片

Step 4：在 Adobe InDesign CC 新增檔案

筆者以下會用 90mm x 54mm 做示範，現在就用 Adobe InDesign CC 新增一個 90mm x 54mm 的版面。

2. 馬上動手做卡片！

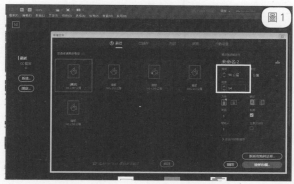

▲ Step 1：開啟一個 90mm x 54mm 尺寸的 Adobe InDesign CC 版面（圖1）

▲ Step 2：利用之前教授的方法置入公司 logo 和卡片內容（圖2），只消三兩下功夫，卡片的雛型已做好了！

▲ Step 3：如果大家想花多點心思，還可以加一個花紋背景作美化呢！做法相當簡單，點選工具列「檔案」→「置入」（圖3）。

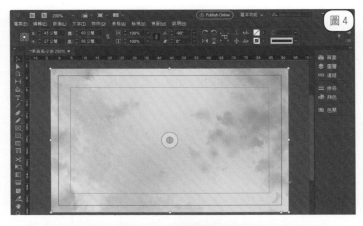

▲ Step 4：按「Ctrl+Shift+[」組合鍵，即可把卡片內容及公司 logo 顯示在上層，襯托在背景圖之上 (圖 4、5)。

> **注意：**
>
> 　　前面提及，把書本的印刷檔案交給印刷廠後，印刷廠會先印一份藍紙打稿給大家核對。如果大家只是印刷卡片，印刷廠未必會大費周章地印一份打稿給大家，而只會電郵數碼打稿給大家核對。有些印刷廠甚至連數碼打稿都欠奉，直接用大家提供的印刷檔案印刷。大家提交檔案之前，最好先向印刷廠問清楚，以免雙方有誤會。
>
> 　　另外，卡片印量至少要一盒，每盒 100 張。卡片印刷需時較短，有些印刷廠更能在 24 小時內交貨呢！

跟我學：設計印刷＋發行銷售自己第一本書

Chapter 4：輕鬆製作圖片特效

（一）製作簡約又活潑的圖片效果

1. 出血位

　　版面中的黑色方框的面積是書本尺寸的真實大小，紅框是出血範圍，如果要置入一張全版的圖片，把圖片按比例拉到跟書本尺寸一樣大小都未足夠的，應要拉到紅色的出血線範圍。為什麼呢？

　　出血線又叫裁切線，當印刷廠的機器切紙時，有 2-3mm 偏差實屬正常，如果圖片只拉到黑色方框的範圍，機器切紙時即使只向外偏移了 1mm，全版圖就會有 1mm 的白邊。因此，只要把圖片按比例拉到紅色的出血線範圍（圖1），咁就萬無一失啦！

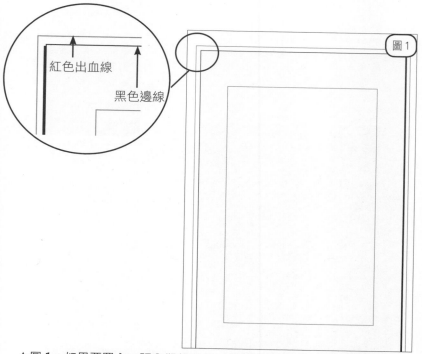

紅色出血線

黑色邊線

圖1

↑圖1：如果要置入一張全版的圖片，把圖片按比例拉到跟書本尺寸一樣大小都未足夠。要把圖片按比例拉到紅色的出血線範圍，這裡有 3mm 的出血距離，咁就萬無一失啦！

2. 全版出血圖

筆者在前文教過大家置入半版圖、繞圖排文，以下會示範置入全版出血圖：

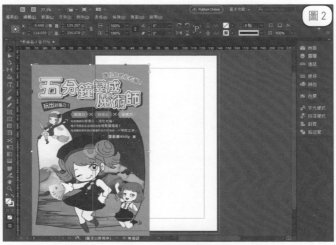

▲ Step 1：置入圖片的方法跟前一樣，點選工具列「檔案」→「置入」。彈出「置入」的視窗後，大家即可選取一早已儲存硬碟裡的圖片 (圖 2)。

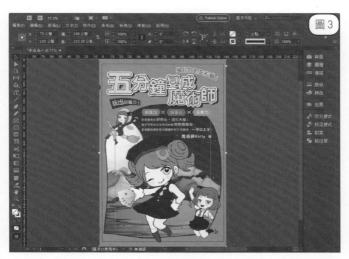

▲ Step 2：同時按著「Ctrl」和「Shift」(圖 3)，用鼠標將圖片按比例拉大到紅色的出血框即可。

3. 半版出血圖

以下會示範置入半版出血圖：

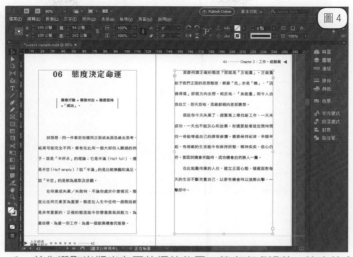

▲ Step 1：首先選取半版出血圖的擺放位置，筆者考慮過後，決定放入右頁下半部 (圖 4)。

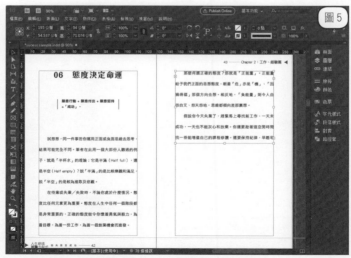

▲ Step 2：將右頁的文字框向上縮小一半，將一半內容移走到下一頁 (圖 5)。

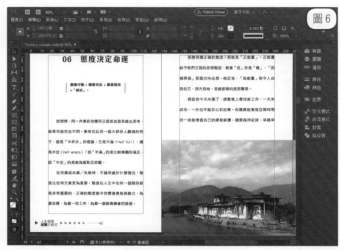

▲ Step 3：置入圖片後，同時按著「Ctrl」和「Shift」，用鼠標將圖片按比例拉大，拉大至圖片的書邊位置踏在紅色的出血框即可 (圖 6)。

（二）利用漸變效果，令圖文更融合！

筆者在前文教過大家置入半版圖、全版圖、出血圖，但四四方方一張圖片太呆板了，以下教大家用 Adobe InDesign CC 做出圖片漸變的效果，或者把相片修飾成圓形圖或多邊形圖，令版面更活潑！

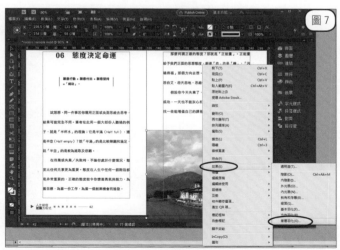

▲ Step 1：先置入一張出血圖，右擊插圖，在選單中選「效果」→「漸變羽化」(圖 7)。

跟我學：設計印刷＋發行銷售自己第一本書

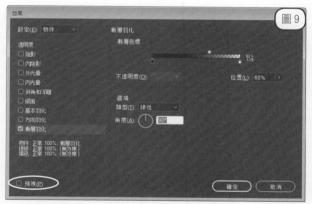

▲ Step 2：在「漸層羽化」的橫軸裡調校漸變的程度，或者直接輸入漸變值，筆者在「位置」輸入 50%；接著，在「類型」中選「線性」，在「角度」選 0°，程式會由上而下做出漸變效果。點選圖 9 的「預視」，大家可以即時預覽到設定後的效果 (圖 8、9)。若不滿意效果，可即時改變設定，直至滿意為止。

（三）把相片修飾成不同的多邊形狀

以下會教大家直接用 Adobe InDesign CC 把相片修飾成圓形圖或多邊形圖，步驟如下：

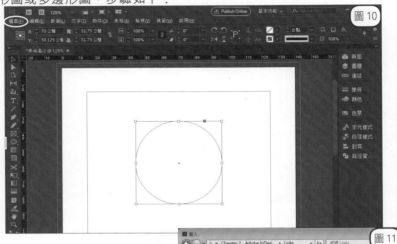

▲ Step 1：在工具箱選擇要畫圖框的工具，筆者這裡以圓形圖框做示範。畫一個圓形圖框，點選圖 10 框中的按鈕，固定圓形圖框的位置。點選工具列「檔案」→「置入」（圖11），選取硬碟的圖檔後，圖檔已插入圓形圖框裡。

▲ Step 2：點選圖 12 圈中的按鈕，再點擊圓形圖，外邊的方框是圖檔原有的面積邊界。

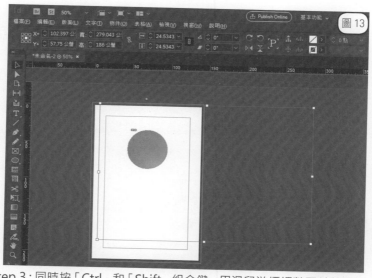

▲ Step 3：同時按「Ctrl」和「Shift」組合鍵，用滑鼠游標調整圖片的大小，同時，可移動原圖在圓形圖框的顯示範圍和角度 (圖 13)。

▲ Step 4：輕輕鬆鬆調好原圖在圓形圖框的顯示範圍和角度 (圖 14) ！利用相同方法，筆者做出多個圓形圖。除了圓形圖框，還有六邊形圖框供選擇。筆者亦採用了六邊形圖框，將小貓的圖片相繼置入圓形及六邊形的圖框裡，令版面效果更具活力。

（四）在文字中置入圖片，增添玩味！

除了把圖片修飾成不同形狀外，把圖片置入文字裡，與文字融為一體，都很 Easy ！

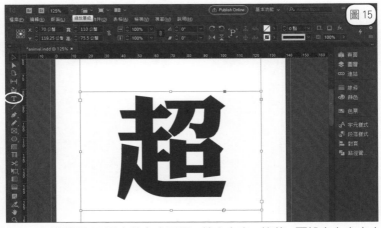

▲Step 1：點選圖 15 圈中的文字工具，輸入文字。接著，再設定文字大小。

▲ Step 2：點選圖 16 圈中的按鈕後，自動把文字框起；接著，點擊工具列「建立外框」。

跟我學：設計印刷＋發行銷售自己第一本書

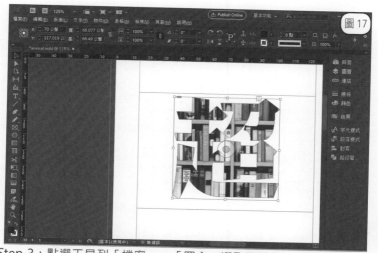

▲ Step 3：點選工具列「檔案」→「置入」選取圖檔後，圖片已置入文字了 (圖 17) ！

（五）踢走色地，插入 Photoshop 褪地圖！

為了突出圖中的可愛小狗，筆者利用 Photoshop 的褪地功能，把背景褪走，只剩下小狗。當筆者把 Tiff 格式的圖檔置入 Adobe InDesign CC 後，透明背景卻變了白色。怎麼辦？

▲ Step 1：褪走背景 (圖 18)，把小狗的背景變成透明。

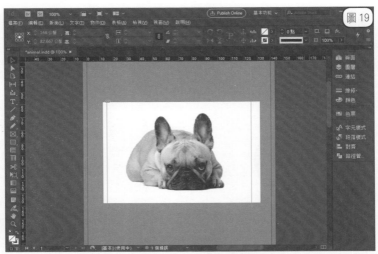

▲ Step 2：置入 Adobe InDesign CC 後，透明的背景卻變成白色 (圖 19)。

▲ Step 3：做法很簡單！把褪了地的圖檔儲存成 Photoshop 格式 (PSD 格式)，再置入 Adobe InDesign CC，背景回復透明 (圖 20)。

（六）插入 AI 圖很 Easy！

除了 Photoshop 檔案，大家亦可以置入 AI 格式的圖檔，但注意：從如果 AI 圖檔裡有文字，移至 Adobe InDesign CC 時，文字會轉換為圖片而無法透過「文字」工具編輯。

這是 AI 原檔，仍可修改文字。

置入 Adobe InDesign CC 後，會轉成圖片。

（七）瞬間置入 Word/Excel 圖表

在 Adobe InDesign CC 裡畫圖表，步驟頗繁複，大家可以用很簡便的方法，就是在 Word 或 Excel 做好圖表後，轉成 PDF，再置入 Adobe InDesign CC 裡。

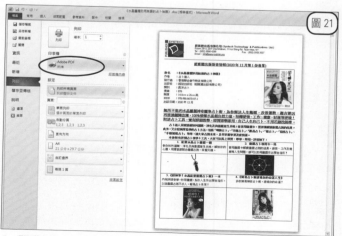

圖 21

▲ Step 1：開啟 Word/Excel 檔案，點選工具列「檔案」→「列印」，在「列印」的視窗裡選「Adobe PDF」（圖 21），接著按「印表機內容」進一步設定。

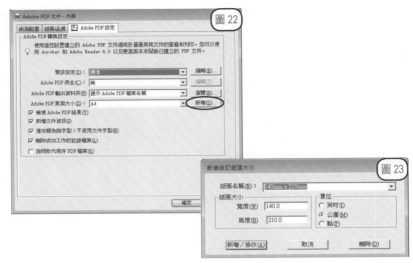

跟我學：設計印刷＋發行銷售自己第一本書

▲ Step 2：Word 預 設 的 尺 寸 是 210mm x 297mm， 筆者的 Adobe InDesign CC 開度卻是 140mm x 210mm，因此要點擊圖 22 的「新增」按鈕，進入「新增自訂紙張大小」視窗裡，在「紙張大小」下方新增一個 140mm 闊 210mm 高的尺寸 (圖 23)，完成後按「新增 / 修改」確認。返回圖 22 的畫面，在「Adobe PDF 頁面大小」選單中選剛才設定的 140mm x 210mm 尺寸，接著按「確定」。

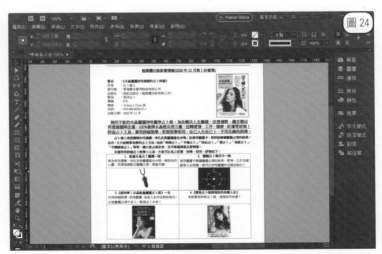

▲ Step 3：之後會彈出儲存視窗，在這裡設定 PDF 儲存的位置後，再按「儲存」。返回 Adobe InDesign CC，點選工具列「檔案」→「置入」。把 PDF 直接置入 Adobe InDesign CC 即大功告成 (圖 24)！

（八）繞圖排文的秘技

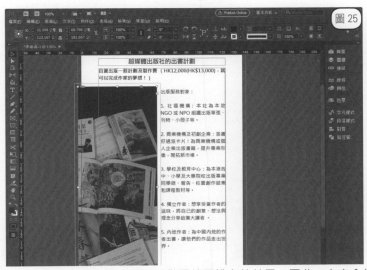

▲ Step 1：大家看看上圖，插圖已做了繞圖排文的效果，因此，文字會繞著圖片排。筆者想在相片上加圖說明 (圖 25)。

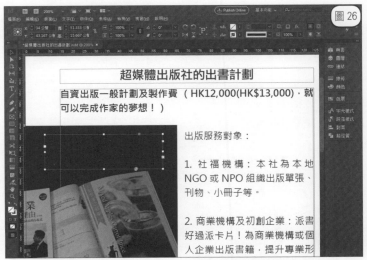

▲ Step 2：當圖說明移入相片內，由於相片做了繞圖排文的效果，因此，系統馬上當圖說明作溢排文字處理，怎麼辦 (圖 26) ？

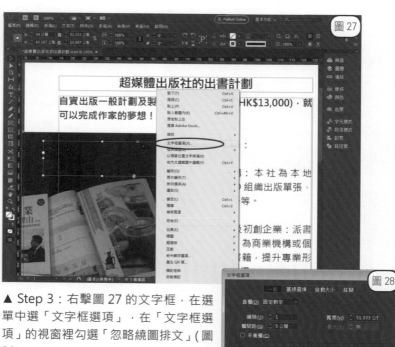

▲ Step 3：右擊圖 27 的文字框，在選單中選「文字框選項」，在「文字框選項」的視窗裡勾選「忽略繞圖排文」(圖 28)。

▲ Step 4：圖說明終於可以置在相片之上了 (圖 29)。

跟我學：設計印刷＋發行銷售自己第一本書

（九）自訂 CMYK 色彩值，令版面多姿多采！

點選圖 30 的「色票」，可以進入色調清單選取顏色，如果嫌預設的顏色不夠用，可自行輸入 CMYK 值，按自己喜好進行混色，創造出更多姿多采的版面 (圖 31)。

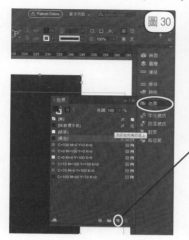

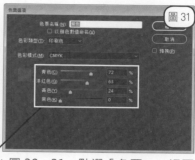

▲圖 30、31：點選「色票」，裡面預設了多款顏色。若不夠用，點選圖 30 下方圈中的按鈕，新增色票，自行在 CMYK 裡輸入數值 (圖 31)。注意：不要勾選「以顏色數值命名」，這樣才可以自訂色票名稱。

（十）將圖片轉為具印刷質素的規格

Tiff：沒有經過壓縮，可輸出最高的質素，適用於印刷輸出。

JPG：壓縮率非常驚人，原本 1MB 的圖片，存成 JPG 檔後可能只剩幾十 KB。壓縮率越高，檔案越小，但令圖片的質素越低。因為 JPG 格式屬於破壞性壓縮，存檔時會捨棄一些不必要的像素，造成圖片失真。一般而言，JPG/JPEG 是網頁常用的圖檔格式，檔案較小，不會拖慢網上瀏覽的速度，而且，在電郵傳閱也很方便。

▲圖 32：在資料夾中，兩張彩色插圖的 dpi 一樣，但 Tiff 圖檔比 JPG 圖檔大一些，表示 Tiff 保留的色彩元素較 JPG 多。同一張 JPG 圖檔每修改及儲存一次，色彩元素就會降低一次；反之，大家不用擔心 Tiff 圖檔的質素會自動「貶值」。

小貼士：連專業設計師都不懂的設計印刷技

1. CMYK、RGB 和 Grey Scale

圖像顏色的表示模式有 CMYK、RGB 和 Grey Scale 三種，如果弄不清三者的分別，印刷時會出現問題。

RGB 模式：它廣泛用於我們的生活中，供電視、幻燈片、網路等媒介播放的檔案，一般是採用 RGB 模式。

CMYK 模式：是標準的四色印刷模式，顧名思義是用來印刷的。印刷品上的彩色圖片都是由 CMYK（藍、紅、黃、黑）四種顏色油墨以網點角度和網點濃度來呈現色彩，仔細觀察會發現綠色是由黃色墨點與藍色墨點混合而成。

CMYK 和 RGB 有一個很大的不同之處：

· RGB 模式是一種發光的色彩模式，例如你在一間黑暗的房間內仍然可以看見螢幕上的內容；

· CMYK 是一種依靠反光的色彩模式，我們是怎樣閱讀報紙的內容呢？是由陽光或燈光照射到報紙上，再反射到我們的眼中，才看到內容。由於它需要外界光源，所以當你在黑暗房間內是無法閱讀報紙的。

· RGB 顏色能在螢幕上顯示得出來，但四色油墨卻印不出來。因此，若檔案用在印刷上，大家必須把圖片轉成 CMYK 顏色。

小秘訣：

大家把圖片轉成 CMYK 顏色前，建議把圖片調校光亮一點，比在螢幕所見的效果再光亮一些。**原因有兩個：**

1. 正如上文提及，RGB 的色域比 CMYK 大，有些顏色螢幕上顯示得出來，但四色油墨卻印不出來。大家用電腦排版時，透過螢幕看著 RGB 模式的插圖時，覺得圖片光暗度適中，但轉了 CMYK 模式後就會變暗了。

2. 粉紙的光滑度較強，抗水性能較強，對油墨的吸收性較均勻，能保持彩色圖片的亮麗和光澤。至於書紙，纖維吸收油墨的性能較強，大量油墨馬上滲透到紙內，使網點擴散，故此彩色印刷效果較不銳利，顏色會失去原來的光澤。因此，如果大家要用書紙來印刷彩色書刊，就要特別調高彩色圖片的光暗度，比起螢幕所見的效果還要光亮一些，「七除八扣」後，彩色油墨印在書紙的效果就剛好適中。

2. DPI（解析度）

如果要印刷彩色書刊，除了印刷色彩模式須為 CMYK 外，所有彩色圖檔的解析度 (DPI) 至少須為 300dpi 以上。所謂 DPI，表示在印刷品上一英吋（Inch）內有多少黑點，一張圖片的解析度越高，代表這張圖片每英吋內的像素點數目越多，影像所能呈現的顏色也就越多，圖片的輸出品質也就越細緻；反之，解析度越低，就代表這張圖片每英吋內的像素點數目越少，所能呈現的顏色也就減少，影像輸出的品質將越粗糙。

電腦的螢幕只能呈現 72 PPI 的解析度，所謂 PPI(Pixels Per Inch)，是指螢幕上一英吋（Inch）有多少個像素（Pixels），越密畫面越銳利細緻。所以不論影像解析度高於或等於 72 PPI 的圖片都只會以 72 PPI 顯示，因此再怎麼修改影像解析度，在螢幕上看起來都是一樣的。例如同張圖片，將解析度設為 300 DPI 及 72 PPI，在螢幕上看起來都是一模一樣。但若用印表機印出來時，情況很不同，印表機解析度的單位為 DPI，例如 300 DPI 的噴墨印表機，表示可在一英吋當中噴入 300 個墨點。DPI 越高，表示墨點越多，色彩變化較細緻，品質當然較佳。

以下筆者「一條龍」教大家把彩色圖片由 RGB 轉成 CMYK，同時調高 PPI 及儲存成 Tiff 格式。方法好簡單！

步驟如下：

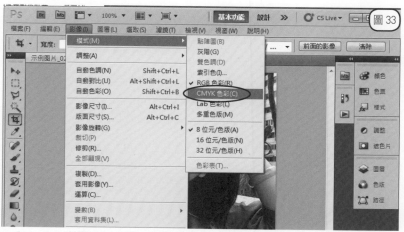

▲ Step 1：利用 Photoshop 開啟圖片，點選工具列「影像」→「模式」→「CMYK 色彩」（圖 33）。

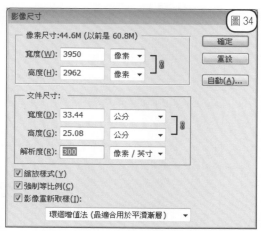

▲ Step 2：下一步，再點選工具列「影像」，在選單中選「影像尺寸」(圖 34)。進入「影像尺寸」視窗後，在「解析度」輸入「300」，把彩色圖片調校到 300 dpi，接著按「OK」離開。

注意：目前圖片的尺寸是闊 33.44cm 高 25.08cm，但在書本裡顯示的圖片根本不用那麼大的尺寸，這樣只會徒增電腦的負荷容量。如果圖片在書中顯示的尺寸只需闊 5cm，直接在「寬度」輸入「5」即可，系統會自動調節「高度」。

▲ Step 3：接著，點選工具列「檔案」→「另存新檔」，在「格式」的選單選 TIFF」(圖 35)，再按「儲存」即大功告成！

Chapter 5：人人都瞬間學懂的修圖技巧

Photoshop 不愧為圖像編輯的一哥！如果拍攝的時候調錯設定，或是一時失手令照片出現問題，例如曝光過度、過暗等，可以透過 Photoshop 進行補救！此外，Photoshop 可打造相片的復古風格；又或者把重點以外的東西轉成黑白色，用「彩色」特出照片的重點等，令相片更添玩味。此外，更可變出各款與別不同的字體特效。以下筆者用 Photoshop CS5 來做示範：

秘技 1：完美解決照片過度曝光問題

利用 Photoshop 的「曲線」，輕易解決過度曝光的問題！

▲ Step 1：打開照片後，按上方功能列的「影像」→「調整」→「曲線」（圖 1）。

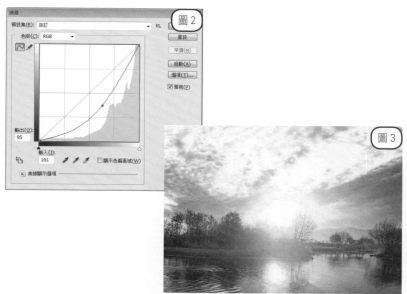

▲ Step 2：大家可看見會出現一個正方框，正方框內有一條線（圖 2），點擊圈中的調節點並向右下角拉，大家便可看見照片會立即變暗，可以看清楚過度曝光的情況改善了（圖 3）！

跟我學：設計印刷＋發行銷售自己第一本書

小貼士：

如大家覺得調暗後有部份位置仍然太光，可以在調較光暗度的同時，順便調節照片的對比度，即是令照片光的部份更光、暗的部份更暗。

只要在右上方輕按一下，會再出現一個調節點，此時我們只要向右下角拉（圖4），可看見對比度立即降低，部份仍然偏光的位置也暗下來了！

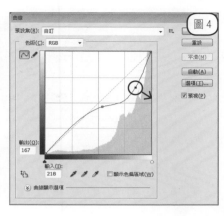

秘技 2：照片曝光不足兩下搞定

如果拍照的環境處於光線不足，影出來的照片會很暗，甚至會看不見相中的人物的輪廓。筆者原先想把簽名會的情景拍攝下來，結果不小心因太快按下快門令到照片曝光不足。

不想用心影出來的照片變得黑漆漆一片，教你一個方法，兩個步驟搞定曝光不足！

▲ Step 1：首先，按鍵盤上的「Ctrl+J」複製這張照片，在右方的圖層中，我們可看見有兩個圖層（圖1）。

▲ Step 2：然後點選右方美化照片列圈中的下拉式選單，點選「濾色」，照片已明顯變亮 (圖 2) ！

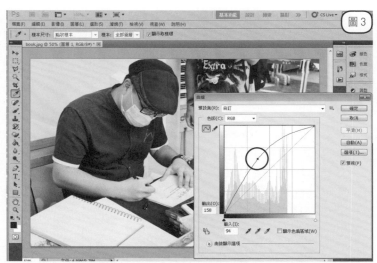

▲ Step 3：如照片的曝光不足問題十分嚴重，單用「濾色」應該不夠。此時，我們可用之前提及過的「曲線」幫忙！開啟「曲線」後，將調節點向上拉即可，相比起原圖，現在光亮很多 (圖 3) ！

跟我學：設計印刷＋發行銷售自己第一本書

秘技 3：幾步打造復古風格

鮮艷的顏色固然可以吸引眼球、增加視覺效果，不過，將照片轉成單一色系，這種復古風可為照片增加一些藝術 Feel！

以下，筆者會為大家介紹「色相／飽和度」，我們可以利用此功能將一些照片轉成單色系，只要將調節點向左或向右拉，就會看見照片轉成紅色、啡黃色、藍色等等，而且可自行調校飽和度，完全打造一張合心水的復古風照片就是咁易！

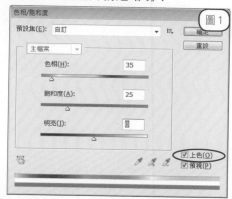

▲ Step 1：打開圖片後，先按上方功能列的「影像」→「調整」→「色相／飽和度」，進入圖 1 的畫面，大家按照圖 1 所示輸入相同數值，勾選「上色」，即可做出啡黃色的復古效果。

▲ Step 2：大家可繼續按自己的喜好，在圖 1 的畫面將調節點拉至自己喜歡的顏色色系 (圖 2)。

秘技 4：由有變方，零瑕疵無痕跡

　　大家先看看下圖，原本有兩隻小蝴蝶在草地上；轉眼間，到了右圖，卻只餘下一隻小蝴蝶片，右邊那隻早已消失得了無痕跡。

跟我學：設計印刷＋發行銷售自己第一本書

　　筆者以下教大家三種方法做到這個效果。詳見以下步驟：

方法一：

▲ Step 1：大家在 Photoshop 的工具箱會看見一個類似傷口膠布的圖示 (圖 1)，按左鍵，先試試「修補工具」功能。用滑鼠圈起要消失的部分，例如右方的蝴蝶 (圖 2)。

▲ Step 2：把選取的天空部分拖至右方蝴蝶上（圖3）

▲ Step 3：右方的蝴蝶不見了，取而代之是蔚藍的天空（圖4）。

例子二：

除了「修補工具」可以把東西變走外，「污點修復筆刷工具」也同樣具有這個神奇功效！

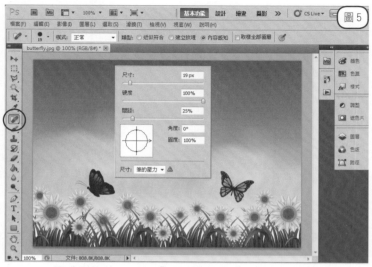

▲ Step 1：開啟影像後，利用「工具箱」→「污點修復筆刷工具」，右擊設定筆刷粗幼，再在物件上塗抹一下（圖5）。

▲ Step 2：被塗抹過的蝴蝶不見了（圖6）！

跟·我·學：設計印刷＋發行銷售自己第一本書

例子三：

利用「仿製印章工具」，也可以把東西變走。

▲ Step 1：開啟影像後利用「工具箱」→「仿製印章工具」（圖 7）。

▲ Step 2：右擊設定筆刷粗幼（圖 8）

▲ Step 3：先按住 Alt，在蔚藍的天空位置按一下左鍵，這個動作就是設定取樣的位置，注意：取樣位置的底圖紋理要和想蓋掉位置的紋理相近，接著，在蝴蝶處放開 Alt，按住左鍵塗抹（圖 9）。

▲ Step 4：接著，先按住 Alt，再在蔚藍的天空位置按一下左鍵，取樣後再在蝴蝶處放開 Alt，按住左鍵塗抹，慢慢就可以讓蔚藍的天空覆蓋掉蝴蝶（圖 10）。

秘技 5：模糊圖片極速變清晰

影相的人手震，或相中人在影相時動了身體，都會令照片Out-focus，若只不過是小模糊，Photoshop 一下就可以幫你搞定！

方法一：提高對比度

我們可善用「銳利化」功能，如果覺得一下不夠「Sharp」，可以再按多幾下，直到滿意為止。

◀原圖看起來有一點的模糊

▶「銳利化」後，圖片的人物或是物件，全部都變得十分清晰！

▲ Step 1：打開圖片後，首先，先按上方功能列的「影像」→「自動色調」（圖1）。

▲ Step 2：再按功能列的「影像」→「調整」（圖2），單出「曲線」的視窗後，點擊圈中的兩個調節點，拉至右圖的效果（圖3），即可增強相片的對比度和清晰度。調校完成後，就好像一個近視人士戴上眼鏡後，眼前光景全部清晰晒！

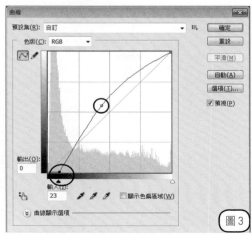

跟我學：設計印刷＋發行銷售自己第一本書

秘技 6：恐怖破裂字

Photoshop 功能多多，因此字效亦可以千變萬化，如果大家想製造破裂字，除了可以使用破裂字的字型外，亦可使用內置的「多邊形套索工具」，手動造出最合自己心意的破裂字！

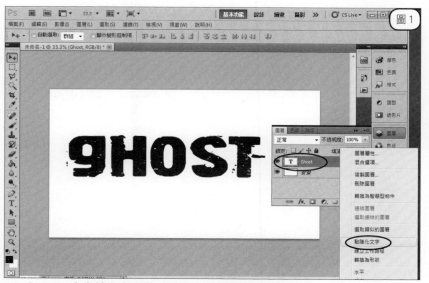

▲恐怖破裂字

▲ Step 1：大家輸入文字後，可選一個較粗體的字型，如「Cyberpnuk2」，然後右擊文字圖層，在選單中點選「點陣化文字」(圖 1)。

▲ Step 2：先點選左方工具列圈中的「多邊形套索工具」(圖 2)。

▲ Step 3：然後如圖中一樣，在文字部份拉出鋸齒形，然後按「Del」鍵，文字便會有個裂痕了 (圖 3)。

▲ Step 4：最後，其他文字也善用「多邊形套索工具」及「任意變形 (Ctrl + T)」，自行造出切割、撕裂等效果即可完成 (圖 4)。

秘技 7：光滑鏡射字

　　「光滑鏡射字」這款字效看起來就像文字站立在光亮的地面一樣，看起來雖然簡單，但能給人一種簡潔的感覺，算是較熱門的一種字型特效！

▲光滑鏡射字

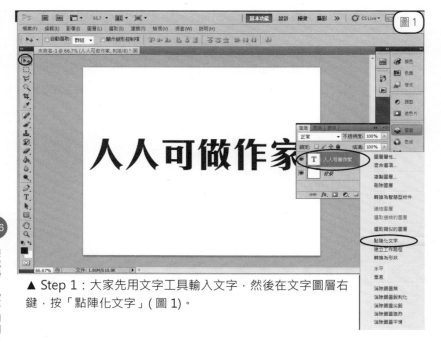

▲ Step 1：大家先用文字工具輸入文字，然後在文字圖層右鍵，按「點陣化文字」(圖1)。

▲ Step 2：點選上方的「編輯」→「變形」→「扭曲」(圖2)

跟我學：設計印刷＋發行銷售自己第一本書

▲ Step 3：將文字拉到上圖的角度及斜度 (圖 3)

▲ Step 4：然後按鍵盤上的「Ctrl+J」，複製多一層文字來製作倒影。然後可以按「編輯」→「變形」→「垂直翻轉」(圖 4)。

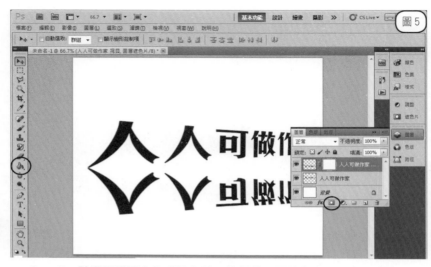

▲ Step 5：點選圖層下方的「遮色片」按鈕後，再按左方工具列圈中的油桶按鈕，點一下油桶按鈕，在選單中選「漸變工具」(圖5)。

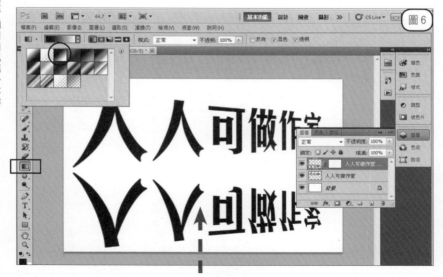

▲ Step 6：然後點選「漸變工具」上方的顏色選區，點選圈中的「黑、白」，然後在剛剛複製出來的文字圖層，由下而上地拉，拉出自己滿意的漸變度(圖6)。

跟我學：設計印刷＋發行銷售自己第一本書

▲ Step 7：最後，在文字圖層調整「不透明度」，大家可根據自己的喜好調整，如筆者覺得漸變得太深，於是在調整透明度時調淡一些，只有25%(圖 7)。

秘技 8：彩虹花花字

在設計字效時，如果背景色太單調，那樣最好就要在文字上花些心思，做出一些色彩繽紛的字效。以下，筆者會教大家一種彩虹花花字，顏色鮮艷而且又帶有花紋，在單調的背景中更加搶眼！

▲彩虹花花字

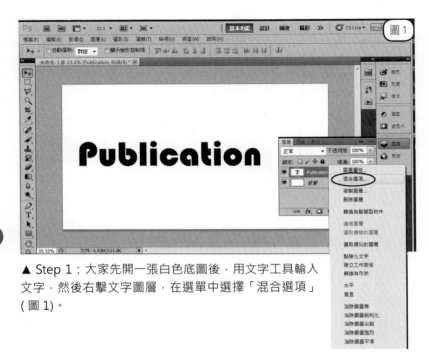

▲ Step 1：大家先開一張白色底圖後，用文字工具輸入文字，然後右擊文字圖層，在選單中選擇「混合選項」（圖1）。

跟我學：設計印刷＋發行銷售自己第一本書

▲ Step 2：大家勾選「漸層覆蓋」，在「漸層」一欄點選自己喜歡的效果（圖2）。

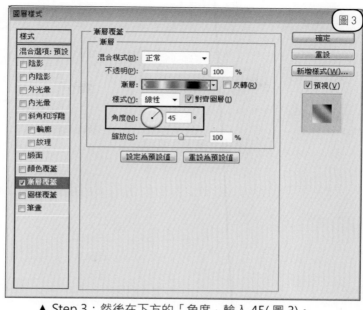

▲ Step 3：然後在下方的「角度」輸入 45(圖 3)。

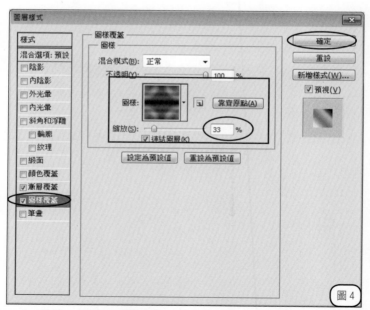

▲ Step 4：最後，勾選「圖樣覆蓋」，在「圖樣」中點選自己喜歡的黑色背景的花花底圖，並在「縮放」中輸入「33」，按「確定」即可完成 (圖 4)。

Chapter 6：利用 Microsoft Word 直接排版成書

如果覺得用 Indesign 排版十分麻煩，都可以使用 Microsoft Word 來製作一本書刊單！當然，Microsoft Word 簡單易用，但使用 Microsoft Word 來排版，版面設計和文字格式都有所限制，自然不及 Indesign 來排版一樣美觀！

以下筆者將會以 Office 2019 做示範，Step by Step 教大家使用新版 Microsoft Word 來排版！

6-1 設定書刊尺寸

一本書最重要的就是尺寸，即使大家已經準備好所有出書需要的資料，但書本尺寸設定不對，最終無法印刷成書的。所以，萬事還是以最基本做起，設定一個適合的尺寸。

一般書刊都會以 14 x 21 cm(A5) 作為標準尺寸，因此筆者會以 A5 size 作例子。

跟我學：設計印刷＋發行銷售自己第一本書

▲ Step 1：進入「版面設定」，點擊圈中的按鈕（圖 1）

▲ Step 2：進入「版面設定」的視窗後，在「紙張」選取 Word 的版面尺寸（圖 2）。A5 尺寸有兩種，分別是 14.8cm 闊 x 21cm 高和 14cm 闊 x 21cm 高。Word 預設的 A5 尺寸是前者，但印費較便宜的是後者。如果大家想要後者的尺寸，要選「自訂大小」（圖 3），然後人手輸入 14 x 21 cm。

▲ 圖 4：文字較多的文獻，頁面尺寸要大一點，例如 A4。

▲ 圖 5：圖表較多的報告書，頁面尺寸要大一點，例如 A4。

Chapter 6：利用 Microsoft Word 直接排版成書

跟我學：設計印刷＋發行銷售自己第一本書

◀圖6：A5 尺寸（14cm 闊 x 21cm 高）的頁面，適合用來做小冊子，或者寫小說。

如果想做相集，追求有格調的排版方式，例如四張相放成田字形，或者打橫三張，可以自訂特別的尺寸，例如正方式尺寸，22cm x22cm（圖7），又或者橫度的 A5 尺寸，即 21cm x 14cm（圖8）。

6-2 內文排版方向

中文書籍的文字方向有「橫排」和「直排」兩種。

橫排是字句由左至右；直排是文字直落而排。大家一般用 Word 書寫文字時，系統預設都是橫排的。

如果決定書籍最終的排版方式是直排的話，用 Word 內置的「直書 / 橫書」功能，點擊一下即可替換，非常方便！

直排

死亡的氣味

鬧鬼地點：觀塘區某中學　　　網名：食米虫

有謂「戀愛大過天」，很多年輕男女更會被一個「情」字沖昏頭腦。所以一旦感情出現問題時，想不開的就會一死求解脫。以下便是一個年輕女生因懷孕而遭男方拋棄，一時想不開而跳樓自殺，其後更變成厲鬼回魂報仇的故事。

故事發生在五十年代的香港，自小在鄉下長大的阿靜，是班上的資優生，她小學畢業後，便憑著優異的成績，升上中學。她外表清麗又純樸，打扮當然比不上當時的潮流，所以初期經常被取笑土氣十足。不過經過三、四年多的「耳濡目染」後，阿靜便有了一百八十度的轉變，也成為很多男生追求的對象，當中她最心儀的便是讀中六的師兄阿偉。

阿偉出生於一個名門世家，大阿靜兩屆，兩人很快進入熱戀期，其後阿靜更珠胎暗結。由於阿靜是個出生於鄉下的傳統女子，因此她便認定這一輩子要跟阿偉。可是一心只想跟阿靜「玩玩」的阿偉，不想太年輕便受束縛，於是提出分手，並丟下一筆錢要阿靜去墮胎，阿靜見到

橫排

死亡的氣味

鬧鬼地點：觀塘區某中學　　　網名：食米虫

有謂「戀愛大過天」，很多年輕男女更會被一個「情」字沖昏頭腦。所以一旦感情出現問題時，想不開的就會一死求解脫。以下便是一個年輕女生因懷孕而遭男方拋棄，一時想不開而跳樓自殺，其後更變成厲鬼回魂報仇的故事。

故事發生在五十年代的香港，自小在鄉下長大的阿靜，是班上的資優生，她小學畢業後，便憑著優異的成績，升上中學。她外表清麗又純樸，打扮當然比不上當時的潮流，所以初期經常被取笑土氣十足。不過經過三、四年多的「耳濡目染」後，阿靜便有了一百八十度的轉變，也成為很多男生追求的對象，當中她最心儀的便是讀中六的師兄阿偉。

阿偉出生於一個名門世家，大阿靜兩屆，兩人很快進入熱戀期，其後阿靜更珠胎暗結。由於阿靜是個出生於鄉下的傳統女子，因此她便認定這一輩子要跟阿偉。可是一心只想跟阿靜「玩玩」的阿偉，不想太年輕便受束縛，於是提出分手，並丟下一筆錢要阿靜去墮胎，阿靜見到阿偉如此無情，於是便失望的返家，可是她卻得不到父母的體諒，他們更斥責阿靜傷風敗俗，自作自受。

阿靜在走投無路之際，決定返學校跳樓自殺。她更把以前用作「留紀念」、一撮阿偉的頭髮，放入上衣胸前的

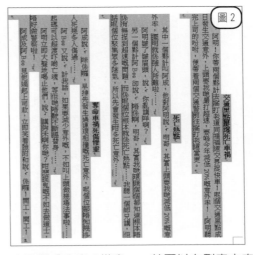

▲ Step 1：在「版面配置」中點擊「直書 / 橫書」，就可以在列表中直接選擇自己理想的顯示方式 (圖 1)。筆者希望用橫排，於是按「垂直」，已經可以看見文字已垂直排放，但內文的版面變成橫向，即 21cm 闊 x 14cm 高 (圖 2)。怎麼辦好呢？

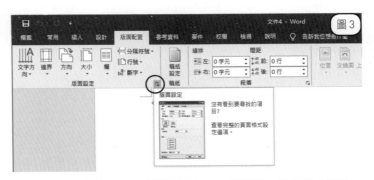

▲ Step 2：不用怕，進入「版面設定」，點擊圈中的按鈕 (圖 3)

跟我學：設計印刷＋發行銷售自己第一本書

▲ Step 3：此時，大家可看見有一個小視窗，大家只要按「直向」，就會變回 14cm 闊 x 21cm 高 (圖 4)。

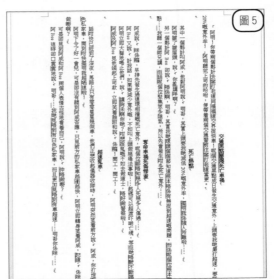

▲ Step 4：然後，大家已經可以看見整篇文章和方法都已經轉成直排了 (圖 5) ！

6-3 設定內文邊界

前文已教大家選擇書刊尺寸和內文排版方向，以下會講解「邊界」。「邊界」就是指頁面四周的空白區域。簡單來說就是指頁面的邊線到內文文字的距離，如右圖，白色的部分即為一個頁面的「邊界」，而灰色區域則為大家可編輯文字的範圍。大家可以在「邊界」放置頁眉、頁腳和頁碼等。

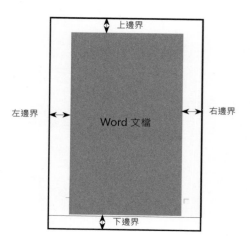

跟我學：設計印刷＋發行銷售自己第一本書

Word 文件預設的上下邊界為 2.54cm，左右邊界是 3.17cm，點選「版面配置」的工具列，即可在「邊界」的選單裡選擇適合的邊界效果，這裡有 5 種邊界效果：標準、窄、中等、寬，任君選擇！

如果大家滿版迫爆文字，可以在上、下、左、右邊預留多一點空間，除了可以讓人看得舒服一點，更可令版面有更多空白位置，增加空間感！

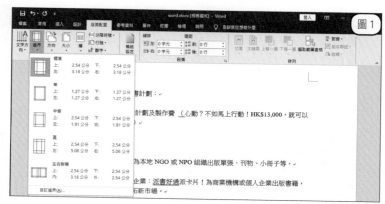

▲ Step 1：Word 中常用的「邊界」有五種類型，每種「邊界」的上、下、左、右距離不同 (圖 1)。

▲ Step 2：選好頁面邊界後，馬上可套用在全書版面上 (圖 2)。

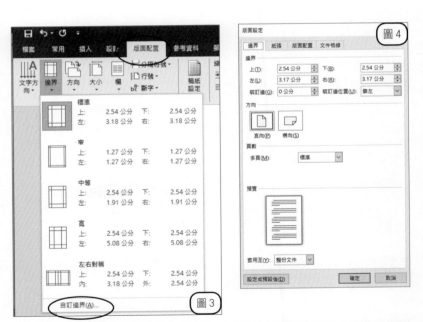

▲ Step 3：如列表中都沒有心水的邊界，可以點擊圖 3 列表中的「自訂邊界」，在框中位置自行人手輸入數字，輸入大家想要的邊距 (圖 4)。

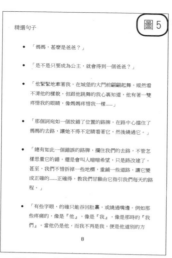

▲圖5：上下邊界相同，左右邊界也相等，給人一種很規整的感覺。篇幅較小的文檔可以採用這樣的頁邊距效果。

▲圖6：不過，有人認為中規中矩、四平八穩的頁面風格太呆板，會在頁面頂端插入一些特別的設計，上邊界會寬一些，而將下邊界適當地調整得更窄一些，但左右邊界相等。

6-4 插入圖片

　　一般來說，如果排版後發現文字內容未達到頁數目標，除了放寬邊界之外，我們還可以插入圖片。

跟我學：設計印刷＋發行銷售自己第一本書

▲ Step 1：進入「插入」頁面，在選單中選「此裝置」(圖1)，點選後，即可選擇電腦裡的圖片，點選圖片後即可按「插入」完成 (圖2)。

▲ Step 2：插入圖片後，用滑鼠按著圈中其中一角的圓點，即可按比例把圖片拉大或縮細 (圖3)。

6-4-1 簡單編輯圖片

　　當大家插入圖片後，都一定會出現一個問題，就是圖片太大，而且與文字分隔，不夠美觀！筆者會教大家如何簡單地編輯圖片，讓大家日後排版出來的書更加美觀。

▲圖4：如果大家未想好擺放圖片的位置，可按上方「圖片工具」→「格式」，再選「位置」，可以在清單中選取自己認為適合的位置。

6-4-2 創意剪裁各種圖片

Word 除了可以秒速替相片褪地外，更可以把相片剪裁成不同圖形、配上不同相框，以及切換成不同的邊框效果。做法步驟如下：

▲ Step 1：如果大家怕圖片不夠亮、或對比度不足，可點選左上方的「亮度」、「對比」，進行一個很簡單的調整。另外，大家可以進入「圖片工具」→「格式」，點擊「裁剪」→「裁剪成圖形」(圖 5)，創意剪裁出各種形狀的圖片。

▲ Step 2：在圖 5「裁剪成圖形」的選單裡有很多圖形供選擇，一選即可套用 (圖 6)。

▲ Step 3：進入「圖片工具」→「格式」，有很多現成的「圖片樣式」供選擇 (圖 7)，可以替相片配上不同效果的相框。

▲ Step 4：進入「圖片工具」→「格式」(圖 8)，點擊「圖片效果」，大家可以替相片做柔邊效果、立體效果、浮凸效果、陰影效果和反射效果等。以後唔駛圖片軟件幫手，Word 一樣可以打造變化多樣的圖片效果。

6-5 簡單美化版面

　　一般書刊在版面上都會有些小設計，例如如在上邊界或下邊界加上書名、章節名、頁碼或圖案。

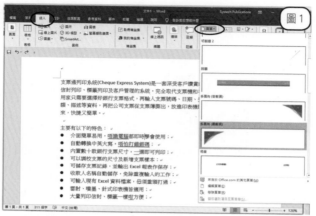

▲ Step 1：點擊工具列的「插入」，有「頁首」（上邊界設計樣式）和「頁尾」（下邊界設計樣式）選擇（圖1）。

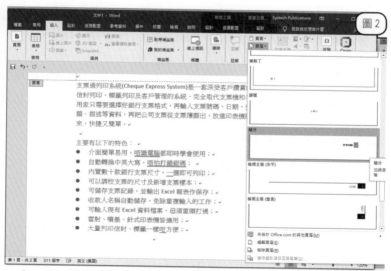

▲ Step 2：點選「頁尾」按鈕，系統預設了多個頁尾設計樣式供選擇，一選即用。點選「編輯頁尾」，可以設定頁尾設計放在單數頁或雙數頁中（圖2）。

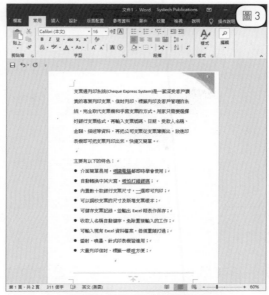

▲ Step 3：簡潔的頁首頁尾就做好了 (圖 3)！

6-6 自己動手做封面

　　如果大家的要求不是很高，都可以使用 Word 來整封面！筆者將以較為常見的封面作為示範，上方有一張圖、下方有些文字，雖然很簡單，但看起來也很簡潔，算是較正常的封面了。

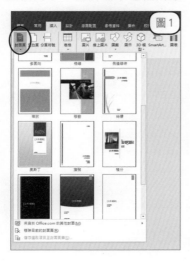

◀Step 1：點擊工具列「插入」，點選「封面頁」按鈕（圖 1），Word 預設了 19 個封面設計樣式，一選即可，做封面得心應手。

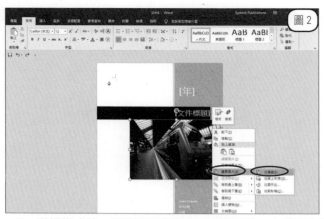

▲ Step 2：選好樣式後，如果想切換圖片，右擊圖片，在選單中選「變更圖片」→「從檔案」(圖 2)。在硬碟裡選取圖片後，即可製成新封面！

6-7 將排版檔轉成合符印刷廠規格的檔案

所謂的印刷檔，其實就是 PDF 檔，印刷廠收到 PDF 檔後就可以幫我們印書。而最新版本的 Word 亦可轉成 PDF 檔，但注意經 Word 轉出來的 PDF 檔是沒有預出血位的，下文會教大家額外幫 PDF 檔加出血線！

印刷非精密工作，有時候印刷的時候會有 2 至 3mm 的差異位，如果大家沒有製作出血線，到時印了出來，太貼邊的內容很大機會會被切去。

▲ Step 1：點選工具列「檔案」→「列印」(圖 1)

▲ Step 2：在印表機選單中選「Adobe PDF」(圖 2)

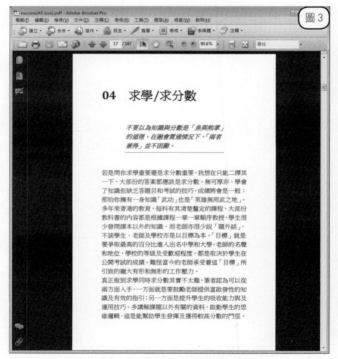

▲ Step 3：PDF 已轉存完成了 (圖 3)

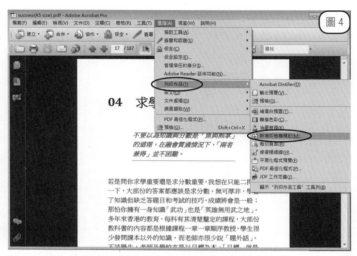

▲ Step 4：現在筆者開始教大家加印刷廠要求的裁切標記！首先，進入「進階」頁面，在選單中點選「列印作品」→「新增印表機標記」（圖 4）。

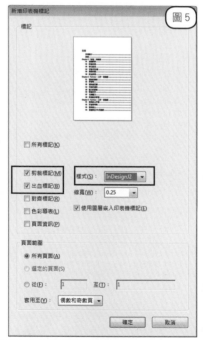

▲ Step 5：在「新增印表機標記」視窗裡，必須勾選「剪裁標記」和「出血標記」，在樣式選「InDesignJ2」（圖 5）。

跟我學：設計印刷＋發行銷售自己第一本書

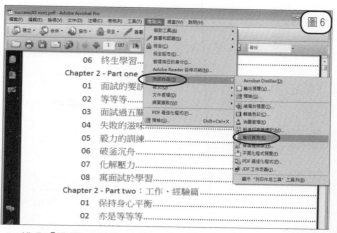

▲ Step 6：進入「進階」頁面，在選單中選「列印作品」→「裁切頁面」(圖 6)。

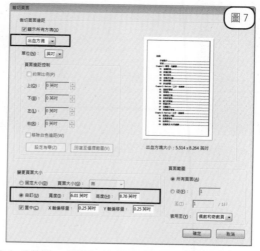

▲ Step 7：進入「進階」頁面，在選單中選「列印作品」→「裁切頁面」(圖 7)。這一步非常重要，若果數據輸入錯誤，之前的步驟就會功虧一簣，轉換出來的印刷檔也不會符合規格。以下是重點內容：

1. 在「裁切頁面邊距」選單中選「出血方塊」。

2. 在「變更頁面大小」勾選「自訂」。

3. 在「自訂」尺寸上人手輸入數值。詳情如下：

以一本 140mm x 210mm 的 A5 書刊為例，把 14cm(w) x 21cm(h) 化為英吋。1 英吋 =2.54cm。14cm(w) x 21cm(h) 就是 5.51 英吋 (w) x 6.01 英吋 (h)。

要替文件加上印刷裁切標記，就要在書刊實際尺寸的闊度和高度各加 0.5 英吋。

書刊原有尺寸：5.51 英吋 (w) x 6.01 吋 (h)

各加 0.5 吋後：6.01 英吋 (w) x 8.76 吋 (h)

在圖 7 視窗的「寬度」人手輸入 6.01 英吋；在「高度」人手輸入 8.76 英吋。完成後，按「確定」。

▲ Step 8：整個 Word 文檔已加了印刷的裁切標記，一份合符印刷規格的檔案就做好了 (圖 8)！

跟我學：設計印刷＋發行銷售自己第一本書

Chapter 7：印刷前的檢查、印刷及發行銷售全攻略

　　當我們完成所有內文和封面排版後，書刊製作的部分已經大功告成了！檢查好印刷檔 (PDF) 後，我們需要找印刷廠來印書。但沒有經驗怕撞板？筆者將 Step By Step，詳細講解由詢問報價到印刷成書的過程！

7-1 印刷前後注意事項

 **Step 1：入廠印刷前檢查清單**

　　交檔案給印刷廠之前，大家要把檔案打印出來，從頭到尾小心核對及修改。有關入廠印刷前的檢查清單，可參考下表。

印刷前的檢查清單

A. 封面：
☐ 已獲印刷廠確認書脊位(_____mm)

☐ 封面文字與邊界的距離恰當
☐ 書脊文字已置中
☐ ISBN、售價正確

B. 內文圖片及設計：
☐ 小心檢查內文有沒有錯字
☐ 內文文字與圖片沒有重疊
☐ 內文彩色圖片（如有）已轉為 CMYK，300 DPI 或以上
☐ 內文黑色圖片（如有）已轉為 Grey Scale，300 DPI 或以上
☐ 內文圖號順序（如有）正確
☐ 圖說明與圖片距離恰當，圖說明文字排版方向要統一。

C. 內文：
☐ 目錄頁碼正確
☐ 內文與書脊位、邊界距離恰當
☐ 內文沒有出現漏字情況（注）
☐ 內文列點已拍齊（如有）
☐ 內文段落與段落之間行距一致
☐ 版頭章節(如有)正確
☐ 版權頁已包括以下資料，主要是書名、出版人/公司名稱、ISBN、聯絡資料和定價等：

・書名	・作者名稱	・出版人/公司名稱
・網址	・香港總經銷	・出版日期
・圖書分類	・ISBN	・定價
・聯絡地址、電郵、傳真等		

注：漏字（穿窿字）

若內文稿件中有異體字，電腦有些字款例如華康仿宋體等，未必能顯示這些異體字，就會出現漏字情況，即「穿窿字」。

> 考試機器。不少學生說睡眠是奢侈品，學業　他們帶來不少壓力。試想想，當你在自助餐吃多了，會怎麼樣？嘔吐，是吧？其實我也經歷過TSA，我也做過歷屆試題，但　何當時的我們沒有這些問題出現呢？基本上，這只是一個普通測試學生能力的工具，　何這讓學生造成這麼多的學業壓力？中四的時候，我可以進入電台直播室學習如何做一個節目主持，因　我愛說話。而這個夢想依然銘記於心，而讓我今日可以站在大家的面前演講。許多人問我，　何你抽這麼多時間義務幫其他活動做大會司儀？我會說，學到的不是甚麼知識，得到的不是金錢，而得到的是

▲ 文中顏色方塊就是因異體字而未能顯示出來的「穿窿字」

在排版時若發現有「穿窿字」，建議大家更換字款，例如「微軟正黑體」，它兼容性較高，異體字、簡體字，甚至日文字都能正確顯示，筆者推介大家使用。

Step 2：尋找信譽良好的印刷廠

大家要在網上尋找一間信譽良好的印刷廠，最好選擇一些在網站上有明碼實價，詳細列明印刷收費的印刷廠。

🔆 Step 3：詢問報價

　　首先大家要知道自己想印刷的書刊規格，如前文所提及的 14 x 21 cm、內文黑白還是彩色、封面過光膠還是啞膠等。如網上報價的書刊規格跟大家心水的規格是一樣的，價錢又合符預算，便可直接致電或電郵給印刷公司落單。如大家有其他特別要求，如內文需加部分彩色頁、封面過 UV 等等，便要詳細再向印刷廠詢問報價。

詳細的書刊規格如下：

1. 書本尺寸：必須詳細講出書本的尺寸，例如前文提及的 14 x 21 cm，留意詢問印刷公司報價的書本尺寸必須與排版檔的尺寸相同。
2. 封面用紙：一般封面會用 250 gsm 雙粉卡，紙質硬度比較適中。
3. 封面過膠：一般封面會過光膠或過啞膠，有效保護封面顏色免甩色，其他封面效果可詢問印刷公司。
4. 內文用紙：內文用白書紙還是雙粉紙，紙質或紙質厚度可詢問印刷公司。
5. 內文色彩：內文全黑白還是全彩色
6. 內文頁數：內文頁數必須與排版檔相同
7. 釘裝：穿線膠裝、膠裝還是騎馬釘，或其他釘裝方法可詢問印刷公司。
8. 印量：大家希望印刷的數量，一般印刷數量越大，每本印刷的成本越低。

例子：

　　例如筆者想印刷《妙趣中國歷史大翻案》書籍，便事先將書刊規格電郵給印刷公司報價，只要提供資料詳盡的書刊規格，印刷廠很快就可以回覆報價了！

　　1. 書本尺寸：14cm(W) x 21 cm(H)
　　2. 彩色封面：4C+4C，4PP，250 gsm 雙粉卡。
　　3. 封面過膠：過光膠
　　4. 內文用紙：100 gsm 白書紙
　　5. 黑白內文：1C+1C，160 PP。
　　6. 釘裝：膠裝穿線
　　7. 印量：1000 冊

🔆 Step 4：提交 PDF 印刷檔

　　透過電郵來傳送印刷檔 (一般是 PDF) 給印刷公司，如果檔案太大，可以使用 Google Drive 平台上載給印刷公司，簡單方便又快捷！

Step 5：訂交訂金

如果第一次跟印刷廠合作，通常都要在確認訂單時先交一半訂金，大家可以通過銀行過數、支票或現金付款。

Step 6：查看藍紙及藍紙改版

提交稿件約 5 至 7 日後，印刷公司便會出一份藍紙給大家，藍紙可以是一小疊釘裝 (圖 1) 或已釘裝成書 (圖 2)，屆時印刷廠會致電作者，並讓作者親身到印刷廠查看。藍紙已經是作品雛型，讓大家知道書刊的效果，並不是供校對用途。如發現藍紙上的資料有錯 (圖 3)，可在藍紙上標記全書有錯的地方，在排版軟體上修改，將正確的 PDF 檔和註明要修改的頁碼電郵給印刷廠。印刷廠便會電郵一份已修改好的檔案（PDF 或 JPG 圖片）給作者核對。注意，大部分印刷廠會收取修改藍紙的費用。

跟我學：設計印刷＋發行銷售自己第一本書

▲ 圖 1：有些印刷廠的藍紙會以 16 頁為一小疊釘裝，例如本書有 160pp，就有 10 小疊。

▲ 圖 2：有些印刷廠的藍紙會釘裝成一本書，類似印刷好的成品一樣。

出 版 日 期	2021 年 1 月
圖 書 分 類	中國音樂
國 際 書 號	978-988-8700-45-5
定 價	HK$128

▲ 圖 3：如發現藍紙上的資料有錯，要在藍紙上標記出錯處，並修改排版檔案。

Step 7：確認付印

如改版沒有問題，便可以向印刷廠確認印刷，並提交餘下的尾數。

🔆 Step 8：印刷成品

一般印刷期約 1-3 個星期不等，視乎印量，以及封面和內文是否有做特效而定。印刷完成後，印刷廠便會通知大家，大家可自行到印刷廠取貨，或跟印刷廠的人員溝通，看看是否可以送貨，但注意印刷廠一般會收取運費。

🔆 Step 9：新書送到

印刷廠把新書送來 (圖 4)，大家要開箱仔細檢查成品質素 (圖 5)，例如來貨數量是否足夠、書刊尺寸是否正確、封面及內頁有沒有刮花或撞崩、藍紙階段要求修改的內容有沒有更新等。

▲圖 4、5：印刷廠已印刷好書本，並已送貨來了，大家要先開箱檢查成品質素。

印刷成品的書脊位有機會出現 1 至 3 mm 的偏差，此乃國際標準。如印刷及釘裝時，封面摺頁及書脊文字出現 1-3mm 偏差 (圖 6)，皆屬正常，絕非印刷品出現問題。

但如果印刷廠在包箱途中或運送途中撞崩書籍，令書角凹陷，作者可就損毀的書籍要求印刷廠補印 (圖 7)。

▲圖 6：封面摺頁及書脊位文字會有 1 至 3mm 偏差，實屬正常！

▶圖 7：書角在運輸途中被撞崩

7-2 香港書刊發行商簡介

印好本書後當然想跟其他人分享成果，大家要找一間覆蓋範圍大及銷售渠道多的發行商，把書籍交到書店或便利店售賣，將心血結晶推出市場發售。

🔆 Step 1：聯絡發行商

我們先要找一間信譽良好的發行商，並與他們聯絡相約見面。

(一) 青揚發展有限公司

青揚發展有限公司於 1995 年開展報刊發行業務，擁有一個直屬的市場調查部門，亦是香港首家使電子手帳作報刊市場調查，再經互聯網把調查資料即時送返公司電腦中心的，務求令公司能盡快掌握到市場的訊息。

有關發行的詳情可以前往 www.great-expect.com，或電郵詢問發行的費用及地區 (圖 1)。

地址：香港九龍觀塘海濱道 143 號航天科技中心 13 樓

電郵：cs@century-china.com.hk　電話：(852) 3443 2211

圖 1

(二) 聯合新零售 (香港) 有限公司

「聯合新零售 (香港) 有限公司」（前名為「香港聯合書刊物流有限公司」）為聯合出版 (集團) 有限公司屬下發行機構，業務包括圖書出版、書刊發行與零售、書刊、商業與安全印刷，現時集團業務遍佈香港、中國內地、台灣地區、東南亞、日本、北美及歐洲等地。

跟我學：設計印刷＋發行銷售自己第一本書

有關發行的詳情可以前往 http://www.suplogistics.com.hk/，或電郵詢問發行的費用及地區 (圖2)。

地址：香港新界荃灣德士古道 220 ～ 248 號荃灣工業中心 16 樓

電郵：info@suplogistics.com.hk　電話：(852) 2150 2100

圖2

（三）超媒體出版社：小量印刷及發行服務

坊間一般自資出版公司，通常只會提供 500 本至 1,000 本的的書刊印刷服務，但超媒體出版社緊貼潮流，視作者為朋友，時刻為各準作者著想，現提供費用較廉宜的「小量印刷出版計劃」(圖3)，減省準作者的支出外，更不用他們為積存太多書刊而擔心！

現在超媒體出版社新推出的「小量印刷出版計劃」，讓作者以便宜的價錢，印刷少量數目的作品，除了送給朋友或自用外，也可以發行至書店。如果想發行書刊至書店，會有約 10 本樣給發行商和書刊註冊組，建議印刷至少 50 本或以上。

參加計劃的作者書刊，可以在香港書展銷售，及參與「新書發佈會」和「作家簽名會」等活動，非常超值！

圖3

有關「小量印刷出版計劃」的詳情可以前往：
http://www.easy-publish.org/pod.html
地址：荃灣柴灣角街 34-36 號萬達來工業大廈 21 樓 02 室
電郵：info@easy-publish.org   電話：(852) 3596 4296

（四）超媒體出版社：小量書刊代理發行服務

本港大型的連銷書店，或者有規模的書店，只會向出版社或發行公司訂貨，不會跟獨立人士合作。一些作者不熟悉書籍發行的做法，以為找了印刷廠印刷成書後，就可以推銷至書店。結果，印好的書籍一直呆在家中，發行無期，心血赴諸東流，只能當禮物送給朋友，非常可惜！超媒體出版社有見及此，特設「小量書刊發行服務」，書刊發行數量 100 至 300 本。

（A）作者未發行過的書籍

作者已印好書籍，書籍仍圓好無缺，非常新淨，超媒體出版社可以替作者發行至書店。如果本書沒有 ISBN 國際書號，又沒有版權頁內容，出版社可以提供相關資料，製作成貼紙或腰封加上書刊適當位置（圖 1-4）。作者就加工費用與出版社達成協議後，把現成書籍運送至該社，該社就開始進行加工，並安排發行至香港書店。

▲圖 1、2：這位作者早前已自行印刷了一批書刊，但裡面沒有 ISBN 國際書號和版權頁。她參加超媒體出版社的「小量書刊代理發行服務」，出版社與她溝通好後，就替本書進行加工，包括把版權頁製作成貼紙，把 ISBN 國際書號和本書內容賣點印在腰封上。

▲圖 3、4：出版社把貼紙和腰封加在書本正確位置後，準備發行。

跟我學：設計印刷＋發行銷售自己第一本書

（B）作者自行印刷書籍

作者自行向書刊註冊組索取了 ISBN 國際書號，並決定自己找相熟的印刷廠進行印刷，萬事俱備，只欠發行途徑而已，超媒體出版社亦可以幫到手！一般情況下，在印刷前，作者只需在版權頁上加上出版社的資料，例如在版權頁註明「出版：超媒體出版有限公司」、補上出版社地址，以及在封底加上出版社的商標等。作者把印刷完成的書籍運送給該社，該社就可以安排發行至香港書店。

以上小量發行計劃收費一般由 HK$3,500 起，<u>視乎補貼 ISBN 或版權頁等工作量而定。</u>另外，參加計劃的作者書刊，超媒體出版社都會免費安排在香港書展銷售，以及讓作者參與「新書發佈會」和「作家簽名會」等活動。有關詳情，歡迎致電 (852) 3596 4296。

💡 Step 2：發行數量、發行地區

書店：若要發行至書店，發行數一般是 300-500 本，而你的書是否能在書店上架，完全是取決於書店老闆對你的書刊是否有興趣。書店不用收上架費，每賣出一本，書店才有分帳。

便利店：如果希望發行至便利店，如 7-11、OK 便利店等 (圖 1、2)。書量是十分的重要，一般建議印刷 1000 本或以上。注意：便利店會收取上架費。若作者想本書發行至便利店，首先要聯絡發行商，把書刊資料交給便利店審核；獲批上架後，作者才可順利到最後一步：付上架費和發行費，以及安排書籍上架。

▲圖 1、2：便利店書架較狹窄，書本之間容易因碰撞而耗損。如果要發行至便利店，大家可考慮每本書刊入膠袋保護。

💡 Step 3：商討發行費和分帳

　　委託發行商發行書刊至書店或便利店，作者都要付發行費。注意：只發行至書店，發行費大約是 HK$5000 起；發行至 OK 便利店，上架費約 HK$7,000 起，再加發行費約 HK$5,000 起，合共 HK$12,000 起。如以個人身份發行書刊以及第一次合作，發行商必定會收取較貴的費用，這是因為以後未必會有再合作的機會，如果發行商結數及退書給作者後，書店或便利店發現退漏了書又再次退書的話，發行商便會出現虧損。但如果是跟公司合作的話，日後可能會有多次合作的機會，即使有一款書已經結算或退書，但下次書店或便利店再退回同一款書時，發行商可以在下一次結算中扣回之前找多了的款項，對發行商而言，不會有所損失。

　　分帳方面，一般情況下，每賣出一本書，作者約可分拆 40% 至 60% 的書價金額（根據雙方協議而定）。如無問題，雙方可以簽署「發行合約」作實。

💡 Step 4：送貨給發行商

　　接著，大家便可自行電召貨車，將之前已印刷好的書本運送至發行商的倉庫。

💡 Step 5：了解不同的發行期

　　一般來說，7-11 便利店的發行期只有一個月，而 OK 便利店，發行期一般都是 2-3 個月，書店的發行期一般是一年。發行期完結後，便可安排退貨。

💡 Step 6：自行取回餘書

　　發行期完結後，作者需要自行電召貨車到發行商取回餘書，或可與發行商聯絡，請他們將餘書送回你指定的地點，但當然發行商會另外收取運貨費用。

💡 Step 7：結算問題

　　發行了書刊，當然想收到分帳！作者所得的分帳會在發行期完結後 3 星期左右，發行公司從書店或便利店收回所有餘書，再進行點算，計算發貨數量和退書的差異。計算完畢後，就會根據之前的合約，分帳給作者，需時大約兩星期左右。

跟我學：設計印刷＋發行銷售自己第一本書